无人系统设计与集成

李杰　李兵　毛瑞芝　关震宇　编著

国防工业出版社

·北京·

内 容 简 介

本书主要介绍了无人系统的设计与集成,对无人系统的总体设计以及相关技术进行了详细描述。全书共分7章,首先总结了无人系统的概念、意义、作战运用准则以及无人系统的发展,然后不仅从总体上对无人系统的设计进行了讨论,还对无人系统的控制与导航制导技术、三维在线路径规划技术以及图像智能信息处理技术等分技术进行了详细介绍,又对无人系统的任务载荷与数据链路进行了分析和介绍,最后以炮射巡飞弹的总体设计为例对于无人系统的总体设计进行了具体分析和阐述。本书内容建立在多年相关领域教学和科研工作基础之上,是对无人系统总体设计与集成以及关键技术的经验总结,对未来无人系统领域的研究具有很好的借鉴作用。

本书可以作为兵器、航空航天等国防科技领域工程技术人员以及科研工作者的学习参考书,也可以作为相关专业的研究生教材。

图书在版编目(CIP)数据

无人系统设计与集成 / 李杰等编著. —北京:国防工业出版社,2014.9
 ISBN 978-7-118-09670-5

Ⅰ. ①无… Ⅱ. ①李… Ⅲ. ①无人值守 – 系统设计②无人值守 – 系统集成技术 Ⅳ. ①TN925

中国版本图书馆 CIP 数据核字(2014)第 197347 号

※

*国防工业出版社*出版发行
(北京市海淀区紫竹院南路23号 邮政编码100048)
北京嘉恒彩色印刷有限责任公司
新华书店经售

*

开本 710×1000 1/16 印张 13¾ 字数 253 千字
2014 年 9 月第 1 版第 1 次印刷 印数 1—3000 册 定价 49.90 元

(本书如有印装错误,我社负责调换)

国防书店:(010)88540777   发行邮购:(010)88540776
发行传真:(010)88540755   发行业务:(010)88540717

前　　言

　　无人系统自 20 世纪 60 年代出现以来,就引起了人们的高度关注,阿富汗战争中无人机的应用及其优良的作战能力,使无人作战装备成为各国竞相发展的热点。随着世界战略格局的改变以及作战样式的变化,为了减少人员伤亡和进行人难以完成的作战任务,推动了军用无人系统的快速发展。今后,随着科学技术的进步,特别是人工智能、微电子、微机电、网络与通信以及先进智能材料与制造等高新技术的发展,越来越多的军用无人系统将出现在战场上。

　　在无人系统的若干关键技术中,控制与导航制导技术、三维在线路径规划技术以及图像智能信息处理技术等将会是未来发展的重点。

　　结合多年国防科研工作积累和研究生教学经验,作者针对无人系统的总体设计以及相关关键技术展开论述,从系统科学的观点分析了无人系统的总体设计方法,并对无人系统的控制与导航制导技术、三维在线路径规划技术以及图像智能信息处理技术等关键技术进行了讲解。本书秉持理论与工程实践相结合的原则,理论介绍与实例研究直接相关,从而更易于读者对相关理论的理解与接受;实例仿真背景明确,但同时理论方法也具有较强的通用性,对未来无人系统的发展研究具有很好的借鉴作用。

　　本书由李杰编写第 1 章,李兵编写第 2 章及第 7 章,关震宇编写第 3 章及第 4 章,毛瑞芝编写第 5 章及第 6 章。全书由李杰、李兵统稿,徐蓓蓓、李明明完成了对书稿的编排和整理工作。

　　在本书的写作过程中,北京理工大学马宝华教授对书稿提出了宝贵的意见,在此由衷地表示感谢。

　　本书是多年科研教学成果的总结。由于时间有限,书中难免有不当和错误之处,敬请读者批评指正,不胜感激。

作者

2014 年 4 月

于北京理工大学

目　录

第1章 绪 论

1.1 无人系统的基本概念和内涵

随着有人任务系统设计的日趋成熟,以及机器人控制策略、计算机信息处理技术和微机电技术的发展,一类自主完成任务的系统正蓬勃地发展起来。这类系统的出现,大大节省了人力的开支。特别是在一些不适合操作人员介入的环境。如军事战场交战环境中,为了避免人员的伤亡,可以使用这类系统来代替完成侦察、搜索乃至攻击的任务。又如在有着生化污染的地区,为了避免有害物质对于工作人员的伤害,可以使用这类具有较高自主能力的系统来完成特定的任务。我们统称这一类系统为无人系统。

无人系统是无驾乘人员的以自主方式完成预定任务的系统。无人系统可具有人在回路的功能,但操作者不在运动平台内。无人系统具有鲜明的军民两用特征,在国民经济和国防诸多领域有广泛的应用。军用无人系统是指用于军事领域的无人系统。无人系统技术是以军事科学、系统科学、控制论、信息论为理论基础,综合运用人工智能、信息与网络、传感与通信等先进技术,研究单元无人系统构建及其多元集成与运用的理论和方法的新兴工程科学技术领域。

1.2 无人系统的意义及作战使命分析

1.2.1 无人系统的意义

随着智能化和自主能力的提升,使得无人系统成为各军事强国竞相发展的热点,在减少参战人员的伤亡及完成难以完成的作战任务方面的优势,推动军用无人系统的快速发展上。美国耗资2300亿美元的"未来作战系统(FCS)"计划就是要开发以网络为中心、有人系统与无人系统有机结合的新的陆战武器体系,如图1.1所示。美国陆军已将作战机器人投入伊拉克战场使用。美国国会已确定到2015年1/3的地面作战车辆要实现无人驾驶。由此可看出,军用无人系统将成为各国武器装备发展的一个重点,已经开始走出实验室,成为现代化战争中不可缺少的新型武器装备。

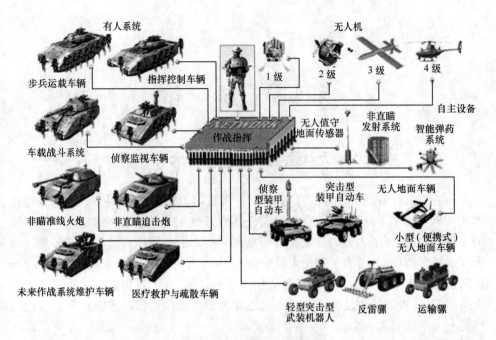

有人系统　无人机

步兵运载车辆　指挥控制车辆　1级　2级　3级　4级

自主设备

车载战斗系统　侦察监视车辆　无人值守地面传感器　非直瞄发射系统　智能弹药系统

非瞄准线火炮　非直瞄迫击炮　侦察型装甲自动车　突击型装甲自动车　无人地面车辆

小型（便携式）无人地面车辆

未来作战系统维护车辆　医疗救护与疏散车辆　轻型突击型武装机器人　反雷骡　运输骡

作战指挥

图 1.1　未来作战系统

开展军用无人系统研究,构建我国从高低空、地水面至水下军用无人系统装备体系、技术体系和研究能力体系,将显著提高我国在这一领域的装备与技术水平,缩短与国外发达国家的差距,为相关军用无人系统的研制提供强有力的技术和能力支撑,增强我军在高技术战争中的非对称作战能力;也为无人系统在民用领域的广泛应用起到牵引和支撑作用;对于我国国防科技工业基础能力建设、武器装备建设和国民经济建设均具有重要意义。

1.2.2　无人系统的任务使命

1.2.2.1　美国军用无人系统的任务使命

美国国防部对军用无人系统的任务使命按优先级的排序为:①侦察;②精确目标定位与指示;③探雷/排雷;④信号谍报;⑤作战管理;⑥化学/生物侦察;⑦武器化。

表 1.1 所列为 2007 年 5 月美国国防部披露的美国陆、海、空三军已装备使用、在研及规划中的军用无人系统的任务使命。

从表 1.1 可以看出美国军用无人系统有以下 4 个特点。

第一,美国军用无人系统任务使命相当广泛,共有 23 项之多,其中有 9 项任务使命是陆、海、空三军共同具有的,按已装备投入使用及在研的覆盖面大小排序,依

表 1.1 美国军用无人系统任务使命及其发展规划

序号	任务使命	陆军				海军				空军			
		UGS	UAS	UUS	USS	UGS	UAS	UUS	USS	UGS	UAS	UUS	USS
1	对敌防空压制						◎				◎		
2	情报、监视与侦察	●	●			○	●	◎	◎		●		
3	打击时间关键目标	●	◎			○	○	○	○		●		
4	兵力保护	●	●			●	●	◎	●		●		
5	反潜作战						◎	◎	●				
6	水面作战						◎		◎				
7	扫雷战					○	◎	●	◎				
8	空中作战										●		
9	电子战						○						
10	大气与海洋数字影像	○	◎				◎	●	◎		◎		
11	通信导航与网络节点						○	○	○		●		
12	作战搜索与援救						○				●		
13	大规模毁伤性武器与生化侦察	○	○				○	○	○		◎		
14	特种作战支援					●		●	●		●		
15	海洋基地建设						○		○				
16	海上封锁作业					○	◎		◎				
17	爆炸物处理与简易爆炸装置失效	●	●			●	◎		◎		●	●	
18	火力交战									●			
19	障碍布放与有效载荷投放	●						○	○		●		
20	武器投送	◎	◎			◎					●		
21	目标指示	●	●			◎	○	○			●		
22	目标侦察与监视						○	○	○		●		
23	心理战与信息战						○	○			●		

●表示已装备;◎表示在研;○表示未来规划计划

次是：兵力保护，爆炸物处理与简易爆炸装置失效，情报、监视与侦察，目标指示，打击时间关键目标，大气与海洋数字影像，武器投送，障碍布放及有效载荷投放，大规模杀伤性武器与生化侦察。有 7 项任务使命是海、空军共有的，按已装备投入使用及在研的覆盖面大小排序，依次是：特种作战支援，通信导航与网络节点，目标侦察与监视，心理战与信息战，电子战，作战搜索与救援，对敌防空压制。有 5 项任务使命是海军独有的，即：扫雷战，反潜作战，海上封锁作业，水面作战，海洋基地建设，这些大部分处在研究或规划阶段中。还有 2 项任务使命即空中作战及火力交战是空军独有的。

第二，美军各种军用无人系统所担负的任务使命，已远远超出作为"无人作战系统"这一任务使命，因此，我们对军用无人系统的关注点需要拓展，除关注作为无人作战系统外，还要关注其他的任务使命，如情报侦察与监视，通信系统与网络节点，爆炸物处理，兵力保护，大规模杀伤性武器与生化侦察，特种作战支援，战斗搜索与救援，大气与海洋数字影像等。在美国，海军是军用无人系统未来发展的重点，规划的 31 种装备中有 28 种为海军发展，这是与美国保持其全球霸权地位的需求相适应的。

第三，就 23 项任务使命的覆盖面来看，海军军用无人系统覆盖面最宽(21项)，地面、空中、水面、水下四种军用无人系统均覆盖，其中未来拓展的任务使命共 9 项，即：打击时间关键目标，通信导航与网络节点，大规模毁伤性武器与生化侦察，目标侦察与监视，心理战与信息战，海洋基地建设以及作战搜索与援救；其次是空军(18 项)，以空中无人系统执行任务最多；仅爆炸物处理与简易爆炸装置失效，火力交战，障碍布防与有效载荷投放 3 项任务使命由地面军用无人系统完成，无未来拓展的任务使命和规划项目；最后是陆军(9 项)，由地面军用无人系统和空中军用无人系统来完成，未来拓展的任务使命是大规模毁伤性武器与生化侦察。

第四，就已装备部队投入使用的军用无人系统所担负的任务使命而言，以空军最多共 16 项，其中 13 项是空中无人系统(UAS)，即无人机。其次是陆军和海军，各 10 项。

上述 4 个特点可为我国规划军用无人系统的发展提供借鉴。

1.2.2.2 我国军用无人系统的任务使命

对军用无人系统所承担的作战使命进行深入分析，可以看出军用无人系统所承担的任务性质有 5 个特征，即：危险的；现有武器系统难以完成的；单调而持续的；高生存力与高效费比的；有污染的。

"危险的"任务如爆炸物处理与简易爆炸装置失效、扫雷及各种交战任务等；"现有武器难以完成的"任务如打击时间关键目标，作战搜索与救援，特种作战支援等；"单调而持续的"任务如情报，监视与侦察，大气与海洋数字影像，通信导航与网络节点,目标侦察与监视等;"高生存力与高效费比的"任务如兵力保护,武器投送,障碍物布放与有效载荷投放,心理战与信息战,以及各种交战任务;"有污染的"任务如大规模杀伤性武器与生化侦察。

根据我国新时期军事斗争准备的任务需求,借鉴国外发展经验,笔者认为我国军用无人系统的主要任务使命有 10 项,即:战场侦察、监视与毁伤效果评估,打击时间关键目标和洞内目标,警戒巡逻与兵力保护,地/水雷及爆炸物探测与排除/使失效,目标精确定位与指示,导航、网络节点及数据传输,信息对抗,海上封锁与反潜,有效载荷(包括心理战载荷)投送,核、生、化监测。

(1)战场侦察、监视与毁伤效果评估。在信息化战争环境下,对目标进行侦察、监视和毁伤效果评估是实施空地海一体化作战的基础,也是武器体系对抗中的一个难题,军用无人系统能较好地完成目标侦察、监视以及对目标的毁伤效果评估的任务,使武器系统形成一个"闭环"的对抗体系,提高武器装备作战效能和弹药的利用率。

(2)打击时间关键目标和洞内目标。时间关键目标是指其空间位置可在短时间内改变的目标。主要包括两大类,一类是从山洞、掩体内突然出现并展开发射的目标,如地空导弹发射车;另一类是可躲避攻击的运动目标,如地地弹道导弹发射车。洞内目标主要指洞库内以及洞内机场跑道上的飞机及相关设施、永备工事内的火炮等目标。我军现有武器很难有效对付这类时间关键目标和洞内目标,采用具有较长滞空时间、动目标跟踪功能或山洞识别及钻入功能的攻击型无人飞行器,可有效对付这类目标。

(3)警戒巡逻与兵力保护。与侦察卫星和高空侦察机不同,军用无人系统多是在有限区域内担负警戒巡逻任务,如军用地面机器人和低空无人飞行器对要地、边界及走私通道的警戒巡逻,水面无人艇对海岸线的警戒巡逻等。军用无人系统经常伴随步兵执行作战任务,在城区等复杂环境下作战时,参战人员容易受到来自附近建筑物内的冷枪或路边炸弹的突然袭击,采用军用无人系统不仅可对潜在的威胁实施侦察预警,还可以实施先发制人的打击和反射反击。也可让军用无人系统率先担任侦察攻击任务,为作战人员提供保护。

(4)地/水雷及爆炸物探测与排除/使失效。在过去的战争中敌对双方均埋设大量地雷,导致战后排雷任务十分艰巨。战场上还遗留有大量未爆弹药等爆炸物,仅海湾战争,美国在伊拉克战场上抛撒出的集束弹药上千万枚,所产生的哑弹达 17 万枚之多,哑弹处理十分危险且任务艰巨。这些危险的作业最适宜于由军用无人系统来完成。对于路边炸弹等危险性大的爆炸物,由军用无人系统进行探测、排除或使其失效,既安全又高效。

(5)目标精确定位与指示。军用无人系统可进行目标识别和定位。如空中无人系统在飞行至目标区域上方预定高度时,图像传感器和卫星定位系统等开始工作,将对目标侦察和定位的信息传输至地面站,地面站显示出目标区域的情况以及重点目标的准确位置,为发射弹药进行精确打击提供前提。若将激光指示装置置于无人飞行器中,还可为半主动激光制导弹药提供激光指示目标的任务,从而避免前沿观察指示员或指示载机等装备长时间暴露在敌战区内带来的风险。

（6）导航、网络节点及数据传输。通信是战场指挥的关键。军用无人系统可在多兵种一体化协同作战中为相互不在视距通信范围内的部队提供通信链路,也可在后方指挥控制站与前方人员及武器之间进行中继通信和数据传输,成为大网络中的信息节点,多个有人和无人系统可形成一个层次化的通信网络系统,以提高作战效率、武器体系的作战半径和指挥控制站的安全性。

（7）信息对抗。军用无人系统可携带有源干扰机以及箔条等无源干扰器材,对敌方雷达与无线电通讯设备实施有源或无源干扰,达到压制、阻塞敌方通信指挥,诱骗敌方雷达或干扰敌卫星导航信号的目的,这在信息化战争中具有重要作用。

（8）海上封锁与反潜。利用水面高速无人艇或无人潜水器可对水面舰船实施攻击,以完成海上航路封锁任务;利用无人飞行器、水面无人艇和无人潜水器可对潜艇实施侦察和攻击任务,这可显著提高海上封锁和反潜作战的效费比。

（9）有效载荷（包括心理战载荷）投送。利用军用无人系统在敌方上空投放有效载荷要比利用有人系统更为安全,典型的实例是美国在阿富汗战争和伊拉克战争中由"捕食者"无人机发射"海尔法（地狱火）"导弹,美国正在研制供军用无人机投放的小直径弹药和专为地面军用机器人发射的小型导弹。利用军用无人机向敌控制区秘密投放各种心理战载荷,如传单、收音机、MP3 等,可达到宣传群众、动摇敌军心的效果。

（10）核、生、化监测。由于核武器、生物武器和化学武器产生的效应具有很强的破坏性和污染性,由人来完成监测任务危险性很大,利用军用无人系统对核、生、化武器造成的破坏和污染区域及其程度进行监测具有明显的优越性。

1.3　无人系统的作战运用准则

随着现代科学技术,特别是以计算机、人工智能等为表征的信息科学技术的迅猛发展,各种人造的无人系统大量地进入人们的日常工作和生活之中,带来了高效、精美和便捷。同样,在军事领域,无人武器系统正以几何级数的递增速度进入实战。目前,美国在伊拉克和阿富汗使用的军用无人系统（主要是小型地面机器人）已超过 5000 个,到年底有可能突破 8000 个。发展军用无人系统,满足未来战争需求,已成为世界主要军事强国的共识。

在发展军用无人系统的整个过程中,需从高技术战争军事需求与伦理的平衡的角度,考虑军用无人系统的运用准则问题。构建军用无人系统的作战使用伦理准则是我们面临的一项新的任务,也是一项长期的研究工作。这项工作在军用无人系统研究之初就应开始,而不是军用无人系统研制完成后再开始。爱因斯坦指出:"科学是一种强有力的工具。怎样用它,究竟是给人带来幸福还是带来灾难,全取决人自己,而不取决于工具。"(《爱因斯坦文集》第3卷,商务印书馆,1976)

1.3.1 无人系统的军事需求与作战伦理之间的平衡

军用无人系统的出现,很可能会导致一些传统的战争伦理,包括诸多的战争观念,如胜负观、控制观、道德观、人-机价值观等发生一系列深刻变化,这些变化也必将反映到军用无人系统的性能指标与技术指标、总体设计、技术方案和装备作战运用之中。

比如,在战场上,具有自主攻击能力的无人武器,能够依据预先设定的程序,攻击敌方作战人员,直至将其消灭或失能。但对已经受伤失去战斗能力或已放下武器的敌方人员,如何识别和判断对方的真正意图,并给以恰当的回应。当遇到敌人以平民为掩护实施袭击时,无人作战系统如何应对,这些是无人作战系统难以准确判断和做到的,一旦判断错误,其后果很容易导致滥杀无辜。又如,在复杂的战场环境中,当无人作战系统难以识别出敌我友,区分出敌方军事目标和民用建筑时,它下一步的行动是什么?若冒然攻击可能会误伤友军或无辜,若放弃攻击可能贻误战机或被敌方击毁。这些都是无人作战系统必须面对和解决的问题。总之,人类应赋予军用无人系统多大程度的自主权,在发挥其优势的同时如何避免其危害,这是军用无人系统必须解决的军事需求与作战伦理之间的平衡问题,也是军用无人系统研制者必须考虑的问题。

无人武器系统的出现导致人们形成两种不同的意见,如表1.2所列。

表1.2 关于军用无人系统的两种意见表

对立方面	反 对 意 见	支 持 意 见
伦理道德	无法辨别敌方官兵是否已经失去抵抗能力或已经投降,很容易出现不分青红皂白地滥杀无辜;易引起国际人道主义关切,缺乏道德准则	主要用来摧毁敌人的武器装备、军事设施等目标;在激烈的战场对抗过程中,很难区别敌人是否已经投降,即使有人武器系统也会对友军或平民造成误伤
失控或故障的后果	仅凭预先设置的软件认定并攻击敌人,一旦出错或失控,甚至可能伤及自己,后果十分严重	人驾驶的飞机还有可能误挂上核弹在本土上长距离飞行,一旦出现故障或失误,给人类带来的灾难更为巨大

7

（续）

对立方面	反 对 意 见	支 持 意 见
恐怖利用	一旦被恐怖分子利用,就会变成更可怕的"恐怖分子"	任何武器都可以被敌人利用,军用有人及无人系统都是双刃剑
超人智能	当自主军用无人系统的智能超过人类时,就会不按人类的意志行动,危及人类的安全	还远未发展到超过人类智慧的水平,即使将来智能化水平提高了,也能确保永远在人类的控制之中

从表 1.2 中可以看出,军用无人系统的最大优势和长处是"无人",它们可以代替士兵不知"疲倦"、不怕"牺牲"地工作在恶劣的战场环境中。执行艰难危险的作战任务,军用无人系统的最大劣势和短处也是"无人",它们既不懂人类的伦理,也不讲人类的道德,它们是一群毫无"是非意识"的"冷血杀手",一旦失去人的控制,后果将是灾难性的。

1.3.2　无人系统的运用准则

1940 年,美国科幻作家艾萨克·阿西莫夫在其经典之作《我,机器人》中提出了著名的"机器人三大定律":机器人不能伤害人类,也不能由于自己的"懈怠"而令人类受到伤害;机器人必须听从人类的命令,除非该命令与第一定律相悖;机器人必须在不违反第一和第二定律的情况下维持自己的生存。

目前,人们在研究智能机器人、自主无人系统时仍然借鉴这个著名的"机器人三大定律",并将其作为机器人、无人系统的使用准则。但是,很显然,这个"三大定律"不完全适用于军用无人系统的研制和运用,因为军用无人作战系统就是以敌人作为攻击的目标。

在战场对抗中运用军用自主无人系统时,人们会遇到一些困境,例如,由于缺乏指挥人员的实时监视,军用无人系统在执行作战任务时,面对预定程序外的突发性、非结构性事件和环境,将会无所适从,或做出错误的响应,以致危及己方或友方的安全。由于至今尚没有国际公认的关于军用无人系统作战的伦理准则和道德规范,也未形成通用的军用无人系统对有人武器系统、军用无人系统对军用无人系统的作战运用准则和规范,因此,在战场上,很可能出现军用无人系统作战"既不讲道德,又不讲道理"的局面,极易导致战场对抗出现严重的混乱,导致对抗僵局的不确定性和不可控性。

针对这些问题,我们提出军用无人系统作战运用的四条基本准则。

（1）军用无人系统只能在规定的时间和空间内,对特定的有生目标实施限定性的攻击,当对"敌"、"友"、"我"难以准确识别判断时,即使自身可能被摧毁,也不能冒然攻击,即具有"人本性"。

8

（2）军用无人系统应能识别并确认授权使用者，即军用无人系统只"服从"于对它拥有控制权的使用者。在非授权使用、失控或故障情况下，应立即停止或终止执行任何攻击性指令，即具有"使用的专属性和退化性"。

（3）军用无人系统不能将自身携带的作战规则程序和/或指令由未经授权的使用者以任何方式传输或复制给其他无人武器系统，也不能接受来自其他武器系统的作战规则程序和/或指令，除非获得授权使用者的批准，防止出现"机器人叛徒"。即具有"非授权封闭性"。

（4）军用无人系统不能通过人工智能（包括自学习、自复制、自重构等）的方式，自主形成规定内容以外的新的攻击性程序或指令，即具有"功耗自守性"。

1.4　无人系统的发展现状及趋势分析

1.4.1　无人系统的发展现状

近年来，美国国防部及陆海空军等部门相继发布多版针对无人系统的路线图及其他相关文件，目的在于指导并推动无人系统的发展和应用。从美国国防部无人系统综合路线图 2009～2034 年和 2011～2036 年、美国空军无人机系统飞行计划 2009～2047 年以及美国陆军无人机系统路线图 2010～2035 年等多版路线图可以看出，美国无人系统的发展重点及趋势发生了变化，无人系统开始普及到各个领域，更加强调系统的自主性、相互适应性和通信。

现代军事斗争的环境日益复杂多变，对系统的性能水平也提出了更高的要求。无人系统的自主化能使人力需求和带宽需求最小化，同时可将战术活动距离扩大到视距以外。自主化系统是面向目标自我控制的系统，不需要外部控制，受控于规则和策略，通过自我选择操作行为来实现人为导向的目标。最初创建和测试系统控制算法的是操作人员和软件开发团队，但是如果利用机器学习能力，自主化系统能够自己制定改进策略来选择行为。另外，自主化系统甚至能在不可预见的情况下，以目标导向的方式优化系统行为，即在给定情况下系统自己找到最优解决方案。总的来说，自主性能够使操作人员运作任务而不是运作系统。

目前的系统大部分还是自动化系统，自动化系统能够自动控制或者自我调整，并能按照外部给定路径完成外部干扰引起的小偏差的补偿。然而，自动化系统并不能根据一些给定目标来定义路径或者选择能够指示路径的目标，因此自动化系统不能应对复杂多变的军事斗争环境。而自主化系统具有在不可预测情况下的目标导向性，这种能力与自动化系统相比是一个很大的提升。自主化系统能根据一系列规则和限制来做出决策，它能够在决策时判别哪些是重要信息，相较于按照预定方式运行的系统具有更高的性能水平。另外,现在的无人系统需要大量的人机交互操作,并且随着无人系统数量的不断增多,对人力的需求也随之增长,自主性的适当运用将会成为减轻人力负担的关键。

1.4.2　无人系统的发展趋势

要充分发挥无人系统的潜能,必须使之具有高度的自主行为水平。随着计算机科学、人工智能、认知和行为科学、机器训练和学习能力以及通信技术的发展,自主性的发展成为可能。如图 1.2 所示,是美国无人系统自主性发展路线图。在高动态的无人系统环境中,为了实现对系统操作的认可和对自主性的信任,下面几点十分关键:改进算法以提供更强的决策能力;自动整合高度分散的信息;发展先进的计算结构来处理不精确、不完备、矛盾和不确定的数据。

图 1.2　美国无人系统自主性发展路线图

为了在复杂和不确定的环境中运行,无人系统必须能够感知和了解周围环境。这意味着无人系统必须能实现多传感器数据决策层级的融合,并创建其周围环境的模型。感知系统必须能够通过有限的信息感知和推断环境状况,并能够评估环境中其他动作者的意图。这种能力将为未来的自主化系统提供在复杂多变的环境中规划和执行任务的灵活性和适应性。以下几方面能够有助于发展这种处理能力:传感器加权的重构;故障传感器或误导性数据的适应;智能和自适应异构数据的关联;自重构融合集群的可扩展性和资源优化。

在现代战争中,战场的界限越来越模糊,需要共享的信息、载荷、传感器和作战平台越来越多。相互适应性能够极大地缩短产生新系统能力的时间,有助于为指战员及时提供可用的无人系统和信息。相互适应性是指系统在执行既定任务时能够协同操作的能力,提高作战能力,同时简化后勤工作,降低使用成本。相互适应性能使无人系统之间或无人系统同有人系统之间在陆海空多领域实现无缝操作,因此,提高相互适应性是最大限度地发挥无人系统潜能的关键。如图 1.3 所示,是

10

内容\时间/年	2011	2012	2013	2014	2015	2016	2017	2018	2019	2020	2025+
技术		面向服务			跨服务和平台的通用						
	符合通讯的结构				数据标准						
	标准						自主				
	通用数据链和加密法					相互适应性					
			服务存储库								
能力			通用地面站								
						有人/无人系统		跨平台通用自主			
		软件重利用				综合协作		能力			
		通用地面控制站					综合通用操作				

图 1.3　美国无人系统相互适应性发展路线图

美国无人系统相互适应性发展路线图。

目前的无人系统具有高度的人机交互水平,通信系统通过各种方式为指挥控制和传输操作数据服务,保护这些通信链路及链路上的信息对军事行动来说至关重要。随着战场系统数量的增多,通信规划者将面临更多的挑战,如通信链路的安全性、无线电频谱的可用性、频率和带宽的冲突解决、网络基础设施和通信距离等。

未来的无人系统传感器将会收集更大量的数据,如何以最佳的方式处理这些数据,并在恰当的时间将指战员所需信息分发到位是一个重大挑战。如果未经选择地将所有数据发送给本地或远端站点,将会加重目前的技术和资金负担,需要灵活、可靠、冗余、高效和经济的通信技术、战术、手段以及程序来克服这些限制。然而,只改进通信传输技术并不能满足需求,可以先预处理收到的信息,然后迅速地向指战员传递关键信息并将剩余数据存储以备日后所需。未来的无人系统需要技术策略来更有效地处理大量的数据。在预处理、传输和数据融合过程中,需要更好的数据压缩、加密和处理算法。这些策略需要能更高效地利用频谱,减小频率使用开销,确保数据安全性及提高可用频谱的清晰度。为了达到这个目标,通信系统需要支持多频带、有限带宽、可变调制方案、纠错、数据加密和压缩功能。未来的通信设备应该是简单的即插即用负载,能够方便、快速、低廉地进行修改、更新和升级,以下几方面的发展能够提升未来无人通信系统的有效性:天线;发射/接受系统;水下通信、信号处理;网络系统和光通信。如图 1.4 所示,是美国无人系统通信系统的发展路线图。

早在 20 世纪 80 年代末,国外已将军用无人系统作为研究重点列入相关研究计划中,至今已形成完整的技术体系和研究能力体系,于本世纪初已相继形成装备投入使用。这一形势使我国在军用无人系统技术领域进一步拉大了与国外的差距。例如美国在 RQ - 1"捕食者"无人侦察机基础上进一步发展的 MQ - 1"捕食

内容\时间/年	2011	2012	2013	2014	2015	2016	2017	2018	2019	2020	2025+
技术	可靠的微型数字数据链	减小芯片数及单个芯片收发集成		多输入多输出			多聚焦超冷天线		先进的差错控制和多输入多输出结构及网络路径多样性技术		
			氮化镓放大器				共形相控阵天线				
			技术前向纠错和通用数据链								
		动态频率接入和后一代网络的应用					先进的压缩技术			光通信	
能力	频率可变系统		先进的接收机设计							动态环境适应性	
			小型、轻量和节能系统			动态网络重构	多功能天线				

图 1.4　美国无人系统通信系统的发展路线图

者"无人战斗机已装备部队并在阿富汗战争中得到使用,而我国无人战斗机尚处于研制阶段。美国空军和陆军的"洛卡斯"(LOCAAS)低空无人飞行器于 20 世纪 90 年代初开始进行预先研究,2005 年已完成演示验证试验。美国地面侦察机器人已在阿富汗战争中用于对山洞内人员的侦察探测,搜捕"基地"组织成员,地面作战机器人已在伊拉克战场投入使用,我国虽起步较早,但至今仍处于预先研究阶段。美国"斯巴达侦察兵"(Spartan Scout)水面高速无人艇已装备在"葛底斯堡"号巡洋舰上服役,我国尚处于基础性研究阶段。

综合国外军用无人系统技术领域的发展历程和成功经验,对我们有以下三点启示。

(1)紧紧抓住战略机遇期,加强我国军用无人系统装备与技术发展的整体规划工作。早在 20 世纪 80 年代,在国际上将兴奋点集中在有人武器系统技术研究时,美国国防部就决定以战场自主无人车辆和无人驾驶航空器为重点,深入开展智能无人系统的研究,抢占这一技术领域的制高点,为美国在这一领域夺得绝对优势奠定了技术基础。美国自 2000 年开始执行为期 25 年的"无人机路线图"计划,每年滚动修改一次,从中可以看出美国在无人机领域发展规划之全面,发展步伐之快。目前,我们正面临未来战争对手已着手构建"以网络为中心,有人系统与无人系统有机结合武器体系"这一十分具有挑战性的严峻现实,我们必须紧紧抓住我国历史上难得的战略机遇期,遵照"自主创新、重点跨越、支撑发展、引领未来"和"强化基础、提高能力、军民结合、跨越发展"的方针,抓紧制定出我国军用无人系统近、中、长期发展规划,构建我国军用无人系统的装备体系、技术体系和研制与生产能力体系,并通过不同计划渠道付诸实施。

12

（2）基础性研究和综合集成的有机结合，加快军用无人系统技术的研究步伐。军用无人系统技术具有很强的前沿性和基础性，是未来军事高技术发展趋势之一。由于我国在这一领域与国外的差距正不断拉大，要想缩小这一差距，有必要采用军用无人系统技术的基础性研究和综合集成技术研究有机结合、并行发展的方针，在顶层上注重综合与协调，在技术上注重军用无人系统相关标准特别是接口标准的制定，作战应用研究上强调与有人系统的有机结合。同时强化多学科交叉融合，尽早掌握一批军用无人系统的核心技术，力争到"十二五"取得一批具有突破性的研究成果和建设成果，为军用无人系统的装备研制奠定坚实的技术基础和能力基础。

（3）大力加强基础能力建设，增强军用无人系统的发展后劲。目前我国军用无人系统除军用无人机外，其他军用无人系统的研究基础能力均十分薄弱，需要紧密结合关键技术研究工作的开展，同步重点加强军用无人系统的基础能力建设，全面提高我国军用无人系统设计、研发与生产的整体水平，满足武器装备和国民经济建设的需要，增强军用无人系统跨越式发展的后劲。

第2章 军用无人系统的总体设计

　　军用无人系统是一个复杂系统。它由光学、电子、机械、能源、计算机、通信等软硬件设备实现的具有推进、探测、跟踪、导航、制导、控制、信息处理、数据传输等各项功能的分系统所组成。这些分系统相对独立,而又互相联系。

　　军用无人系统总体设计流程由四个相互依赖、反复迭代和递归的流程构成,最终产生一个满足利益相关者(即那些受到与项目使命任务结果影响或某种程度上对结果负有责任的组织或个人)期望的需求和经确认的设计方案。就是要能根据任务目标需要,统筹规划,对这些分系统合理选型,做到最佳整合,使其在大系统中性能互补,可靠、协调的工作,使整个系统从作战运用、技术、经济、研制和生产周期等不同层面,都能有效的达到总体战术、技术目标。其总体设计各流程间相关关系图如图2.1所示。

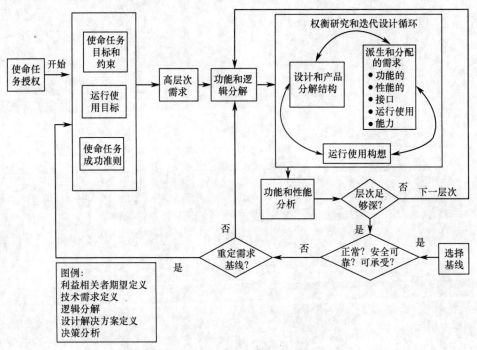

图2.1　总体设计各流程间的相互关系

14

2.1 用户需求分析

用户需求是军用无人系统总体设计的初始流程。明确用户需求的先期工作是理解使命任务目标。配合用户拟定军用无人武器系统的作战任务和战术技术要求;确定军用无人武器系统、保障配套设备以及相关武器系统的技术方案、关键技术以及实现与解决途径。图 2.2 显示了在明确利益相关者需求时需要的信息类型并且描述了信息是如何演化为顶层需求的。曲线箭头描述的是确认路径。

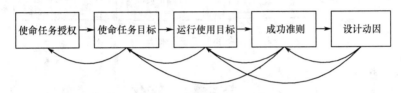

图 2.2　用户需求的产品流程图

用户需求与明确使命任务授权和使命任务战略目标同时开始。使命任务授权随使命任务类型的改变而改变。

军用无人系统使命任务和运行使用成功准则描述使命任务必须成功完成的内容。成功准则同时定义了概念评估需要达到的满意程度。成功准则紧扣用户需求,与工程性需求和约束条件共同作用于顶层需求。

军用无人系统的顶层需求及策划应当属于项目开始之前最早进行的一项总体工作。一个新的军用无人系统的初步方案,往往会在可行性论证之前很久,就开始酝酿和拟定。这种武器系统的顶层策划可开始于军方,也可以起于研制方。

提出初步方案设想和基本战术技术要求,成为一个项目计划的发展背景资料。作为武器发展的背景,主要包括三类问题:军方用户提出的军用无人系统相关武器系统升级和改进性能的需求;国际上同类武器的发展趋势;国内的技术现状与可能的技术方案。

军用无人系统设计导向极大地依赖于运行使用构想,运行使用构想是获取用户需求和确定项目结构的重要成分。运行使用构想应考虑包括集成、测试、发射和处置的所有运行使用环节,运行使用构想中包含的典型信息由主要阶段的描述、运行使用时间线、运行使用方案和使命任务设计参考、全系统通信策略、指令和数据结构、运行使用设施、综合后勤保障及关键事件。图 2.3 说明了科学使命任务运行使用构想中包含的典型信息。

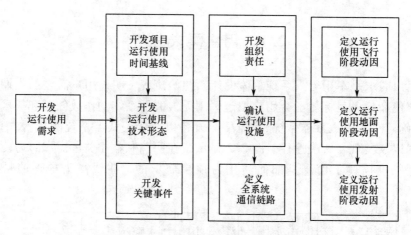

图 2.3　科学使命的典型运行使用构想开发

2.2　技术需求转化

军用无人系统的技术需求定义流程是把用户的需求转化为对问题的定义,然后转换成认定的技术需求的完备集。图 2.4 描述了技术需求定义流程的典型流程图。

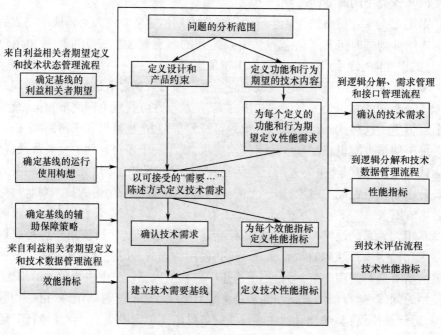

图 2.4　技术需求定义流程图

需求的完备集主要包括功能需求(需要执行什么功能)、性能需求(这些功能必须执行到何种程度)和接口需求(所设计单元的接口需求)。上述三种需求非常重要但并不构成项目成功必须的需求集全部。此外,可靠性需求将影响在设计健壮性、故障容错性和冗余方面的设计选择。安全性需求将影响在提供各类功能冗余方面的设计选择。其他专业特性需求可能同样影响设计选择,包括可生产性、可维护性、可用性、可升级性。图 2.5 显示了技术、运行使用、可靠性、安全性和专业性需求的特征。

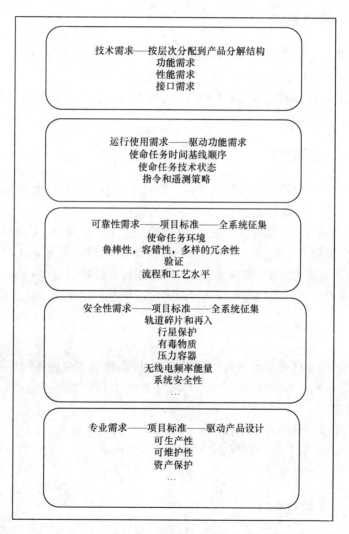

技术需求——按层次分配到产品分解结构
功能需求
性能需求
接口需求

运行使用需求——驱动功能需求
使命任务时间基线顺序
使命任务技术状态
指令和遥测策略

可靠性需求——项目标准——全系统征集
使命任务环境
鲁棒性,容错性,多样的冗余性
验证
流程和工艺水平

安全性需求——项目标准——全系统征集
轨道碎片和再入
行星保护
有毒物质
压力容器
无线电频率能量
系统安全性
…

专业需求——项目标准——驱动产品设计
可生产性
可维护性
资产保护
…

图 2.5　技术性的、运行使用的、可靠性的、安全性的和专业性的需求特征

2.2.1　功能需求

对于用户的需求及系统全寿命周期中所有预期的应用,需要指定其功能需求。功能分析用于获取功能和性能的需求。基于建立的标准、需求被划分为组,以便于需求分析聚焦。功能按照逻辑顺序分配,因此,系统任何指定的运用能够通过全系统路径追踪,反应系统必须实现的所有功能的顺序关系。在设计系统和武器系统过程中,需要处理好军方需求与可能,继承与创新发展的关系。

2.2.2　性能需求

性能需求量化定义系统需要执行的程度。在可能的情况下,使用如下方式定义性能需求：①阈值;②性能需要的控制基线水平。

通过阈值和控制基线的需求制定性能,可以为系统设计人员提供研究考察不同设计方案的权衡空间。

2.2.3　接口需求

为系统包括附属系统定义所有的接口需求十分重要。接口类型包括操作命令和指控命令、计算机之间、机械的、电子的和数据接口。

与系统整个寿命周期所有阶段关联的接口应当考虑,例如,与试验环境、运输系统、综合后勤保障系统、制造设备、操作人员、用户和维护人员接口。

完成技术需求定义后,需要重新审视接口图,并且精确改进已记录的接口需求,以包含新辨识需求的内部和外部接口的需求信息。

2.2.4　环境需求

每个空间使命任务都有独自的环境需求,辨识特定使命任务的外在和内在环境、分析和量化预期的环境、针对预期环境开发设计指南并建立相应价值体系是系统的关键功能。

环境包络线应该考虑在地面试验、存储、运输、发射、部署,以及寿命周期内的常规运行使用所能遭遇的所有状况。需求结构必须说明应用于项目各单元使命任务环境的专门工程领域。

2.2.5　可靠性需求

可靠性需求确保系统能够像整个使命任务过程中期望的那样在预计的环境和

条件下运行使用,并确保系统有能力经受住一定数量的类型的错误、误差或故障(如经受住振动、预期的数据率、命令和数据错误、事件干扰和温度变化达到设定的极限等)。

可靠性强调设计和验证需求,以满足运行使用要求的水平,并满足对所有预期环境和条件下的错误和故障错误水平。可靠性需求覆盖了错误、故障的预防、检测、隔离及恢复。

2.2.6　安全性需求

确定类安全需求是行动或性能阈值的定性或定量定义,其设计与使命任务相关,系统或相应活动满足阈值要求,以保证这些设计系统是安全的。

风险类安全需求是在考虑与安全性相关的技术性能指标及其相应不确定性的基础上建立的,至少是部分建立的需求。

2.2.7　需求分解、分配和确认

需求按照系统层次结构进行分解,顶层需求都被划分为功能需求和性能需求,并在系统内进行分配。随后进一步在单元和子系统中进行分解和分配。这个分解和分配过程持续进行直到完成完整的满足需求的设计。在每一层次的分解中,全部派生的需求在进入下一层分解之前必须通过用户需求进行确认。

需求直到最低层的可追溯性确保每个需求都是满足用户需求的。需求没能被分配到更低层次或未能在更低层次实现,将导致设计不能够满足目标而成为无效设计。反过来,低层次需求不能被上层需求追溯将导致无法证明的超标设计。层次分解流程如图2.6所示。

图2.7所示为无人飞行器的需求自顶向下成功分解和分配的例子。理解和记录需求之间的关系非常重要,这会降低误解的可能性、出现不满意设计的可能性和相对成本增加的可能性。

2.2.8　技术标准

标准为工程和项目建立公共技术需求提供可信的基础,避免需求不兼容并确保至少满足最低程度的要求。公共标准还能降低运行成本、检查成本及供货成本等。标准规范应用于产品全寿命周期以建立设计需求和边界、材料和工艺规范、测试方法和接口规范。标准作为需求应用在设计、制造、确认、验证、接收、使用和维护中。

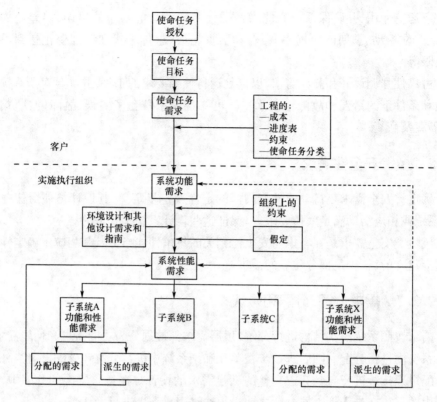

图 2.6　层次分解流程图

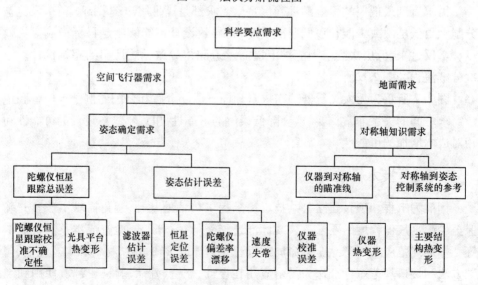

图 2.7　科学要点需求的分配和流程

2.3　总体设计技术

2.3.1　逻辑分解

逻辑分解是生成详细功能需求的过程。图 2.8 是逻辑分解的典型流程图,给出了逻辑分解中需考虑的典型输入和输出活动。

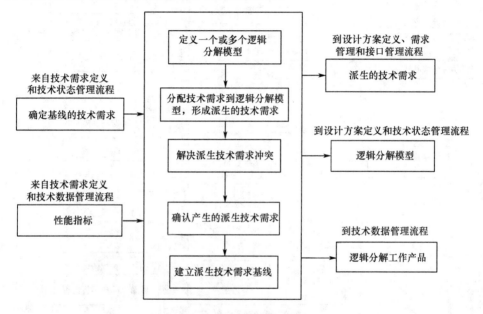

图 2.8　逻辑分解流程

逻辑分解的第一步是建立系统架构。一旦建立了顶层的功能需求和分析,系统设计人员就可以应用功能分析开始规划概念上的架构。系统架构可以视为系统功能单元的战略性组织,是单元间的作用、关系、依赖性和接口能够清晰的定义和理解。系统架构在战略层面注重系统整个结构和单元之间配合对整体的贡献,而不是各个单元独立的工作。

架构在开发过程必须是递归和迭代的。要从用户需求那里得到反馈,同样也要从子系统设计者和使用者那里得到反馈,这些反馈应当尽可能多,以增加完成工程的最终目标的可能性,同时减少成本和进度超出的可能性。

2.3.2　设计方案

设计方案定义流程用于把来自用户需求和逻辑分解流程的输出转化为设计方

案。这牵涉到把定义好的逻辑分解模型及其相应派生的技术需求转换为备选方案。通过详细权衡的研究对这些备选方案进行分析,从中得出适当的方案选择。设计方案的定义流程如图2.9所示。

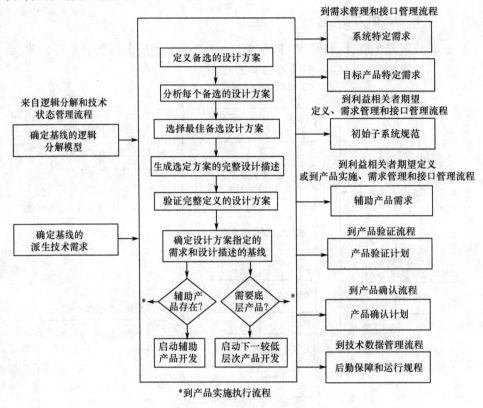

图 2.9　设计方案的定义流程

2.3.2.1　总体设计的研制阶段

(1) 论证阶段(即战术技术要求可行性论证阶段)。

(2) 方案阶段(系统总体及分系统设计阶段)。

(3) 工程阶段(产品初样和试样阶段)。

(4) 定型阶段(性能的最终验证和批准阶段)。

2.3.2.2　论证阶段

这个阶段要通过必要的技术与经济可行性研究以及验证试验,拟定初步战术技术要求,总体技术性能及初步方案;进行风险估计和研制经费和研制周期估算;提出保障条件要求;最终配合用户提出"武器研制总要求",形成军用无人系统的功能底线,即基线。

22

（1）通过战术任务和技术需求分析完成技术选择和初步总体方案设想。

（2）确定系统、配套产品及武器系统组成，完成分系统的功能、基本性能设计。

（3）进行工作分解，确定相关技术项目的技术状态。

（4）认定关键技术和解决途径，进行初步风险估计。

（5）初步确定分系统及配套产品要求。

（6）完成可行性论证报告。

（7）配合军方完成无人系统"研制任务总要求。

2.3.2.3 方案阶段

1）技术管理工作

（1）技术队伍管理队伍组织。

（2）设计准则、规范的拟定。

（3）技术评审制度。

（4）技术资料规范。

（5）研制条件与协作单位。

（6）技术关键问题的攻关等。

（7）计划和技术保障条件与措施的制订。

2）技术工作

（1）战术技术要求分析（使用、发射、飞行环境条件等）。

（2）总体技术方案与技术途径。

（3）对分系统、配套设施和武器系统的功能和性能要求。

（4）外形选择。

（5）相关系统体制选择。

（6）用于气动外形选型的气动力计算和风洞试验。

（7）载荷估计。

（8）分系统、部组件初步要求。

（9）接口要求。

（10）软件编制规范。

（11）产品试验规划与检测要求。

（12）设计方法研究与技术改造。

（13）原理样机研制与试验。

（14）最终设计报告。

2.3.2.4 初样阶段

（1）形成分系统研制任务书，严格确定和规范分系统必须达到的技术状态和各项要求。

（2）根据"分系统研制任务书"完成设计、图纸文件、加工、组装、调试和试验。

（3）形成关键件和配套器材表、确定元器件筛选原则和定点生产单位，制定质量控制措施。

（4）确定生产工艺要求及实施途径。

（5）制定相关技术文件的评审与批准程序。

（6）完成分系统方案和图样，及转阶段技术评审。

2.3.2.5 试样阶段

（1）经评审完善个分系统研制任务书和设计方案。

（2）制定系统设计和各种试验规范。

（3）全面审查明设计，确分组件和零部件要求（元器件的老化和筛选试验，特别是新器件，关键组部件的鉴定）。

（4）完成生产工艺准备、生产检验装备配置，和生产线改造。

（5）编制组装和调试细则。

（6）完成产品图样和技术文件审查与发放。投放前需要由总设计师系统对图样和技术文件组织审查和评审。军用无人系统研制在这个阶段开始转入准生产阶段，由于鉴定批试样的加工在生产线上进行，因而军用无人系统开始有了"产品"的称呼。

（7）试样的加工、组装、调试和试验。

（8）科研鉴定性内外场试验大纲的制定与组织。

（9）系统的首件鉴定。

（10）部分新器件或关键元器件的试验鉴定。

（11）系统、分系统和产品技术说明书编制。

内场试验包括：

（1）分系统试验。

（2）刚度和强度（动、静强度）试验。

（3）整体功能检查和系统地面联试。

（4）软件的第三方检验。

（5）火工品与安全检验。

（6）产品的环境适应性试验。

（7）可靠性增长试验等。

外场试验包括：

（1）战斗部效能检验。

（2）武器系统地面联试。

（3）空中武器系统对接试验。

（4）分系统要求的特殊试验。

（5）带有遥测系统的靶试等。

2.3.2.6 定型阶段

（1）生产线的完善。包括，各种工艺规程、工艺装备；生产装备、生产检验和试验装备的充实与改善。

（2）产品技术文件、生产文件、设计定型文件编制，配套。

（3）定型批产品的加工、组装、调试。

（4）地面试验大纲的制定与实施。

（5）军代表参与下的地面鉴定试验。

（6）参与定型靶试大纲编制和定型靶试试验。

（7）按照国家军工产品定型程序编制相关文件，申报设计定型。

2.4　多学科优化设计方法

2.4.1　多学科优化设计的知识体系

美国航空航天学会 MDO 技术委员会（AIAA MDO – TC）对 MDO 的定义为：MDO 是一种通过充分探索和利用系统中相互作用的协同机制来设计复杂系统和子系统的方法论。

对比传统的设计优化流程，MDO 具有高效率、多学科、过程复杂、面向工程应用等特点，是一种本身就涉及到多种学科和工程研究方法，其主要研究内容包括：①面向 MDO 的系统建模和计算；②灵敏度分析；③近似方法；④寻优算法；⑤MDO 策略；⑥计算环境。

上述研究内容以及大多数子内容自身就是一个学科或专门的研究领域，它们相互融合，相互支撑，构成一个庞大的 MDO 的基本知识体系，其结构可如图 2.10 所示。

2.4.2　分析建模中的关键技术

2.4.2.1　参数化建模

在多学科设计优化中，参数化建模对分析时使用高精度数值分析方法有着重要的意义。参数化建模的研究工作最早可追溯到 1961 年，"计算机图形学之父"Surtherland 在为他的博士论文开发的 Sketchpad 系统中，首次将几何约束表示为非线性方程来确定二维几何形体的位置。后来 Light 和 Gossard 进一步发展了这一思想并使其实用化。近年来，随着 CAD 技术和三维建模技术的逐步成熟，各种商

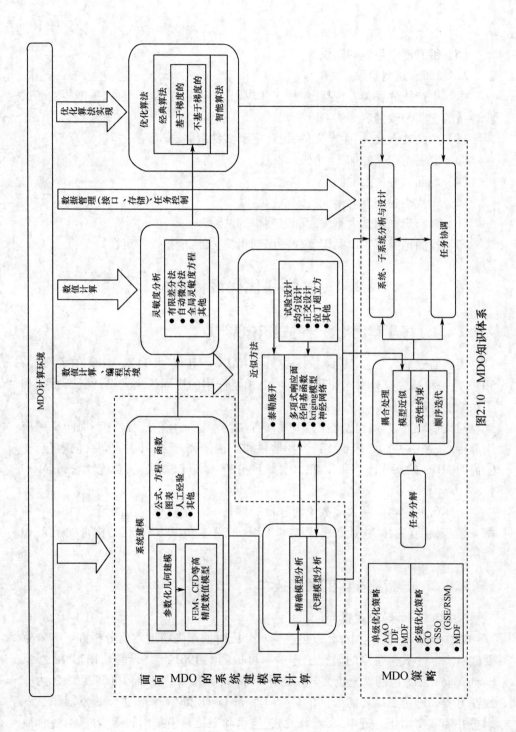

图2.10 MDO知识体系

26

用 CAD 软件诸如 Pro/Engineer、UniGraphics、CATIA、IDEAS 和 SolidWorks 等纷纷开始支持参数化建模方式,主流的高精度数值分析工具诸如 ANSYS、MSC. Nastran、FLUENT 等在前处理工具中也提供了间接的参数化建模功能或者几何模型数据交换格式,从而使得参数化几何建模在高精度数值分析领域也被广泛使用。

参数化建模主要用于需要几何特征的高精度的数值分析方法中的网格划分。这种应用包括两个方面的内容,即研究对象的参数化描述和参数化几何模型或参数化网格的实现方式。

在参数化模型及参数化网格的实现方法上,总结起来主流的方式有三种。

(1) 通过商用 CAD 软件提供的参数化建模功能,利用电子表格等方式对参数进行管理,或者在其提供的接口基础上进行二次开发,封装中间步骤。创建参数化几何模型再后导入数值计算软件的前处理工具进行网格划分。

(2) 直接在前处理工具中建立参数化几何体或网格单元。

(3) 对特定的研究对象自行开发参数化几何模型和网格生成工具。

这三种方式各有优劣。第一种方式由于拥有商用 CAD 系统的功能支持,操作起来最为方便,对使用者的技术要求最低,适用对象也最为广泛,但是在实现流程自动化上比较繁琐;第二种方式的可靠性高,初次建模完成后实现流程自动化也较为容易,但是用于外形复杂的对象时比较困难;第三种方式的针对性很强,用于特定的研究对象具有使用方便、结果可靠等优点,但是由于要单独开发程序,前期开发的成本和技术要求较高。

参数化建模用于优化设计的目的是为高精度的数值计算服务,参数化描述方法和实现方式只是提供了参数化描述和实现的框架,在实际的任务中,仍然要对设计对象进行具体的参数化定义和实现建模流程,描述方式的选择和实现的方法则要根据任务目的和具体要求,综合考虑所建模型的准确度和实施过程的成本和复杂度来进行选择。

2.4.2.2 气动分析方法

1822 年,Navier – Stokes(N – S)方程的提出完整地描述了流动的空气动力学,它包括了流动连续方程、动量守恒方程及能量守恒方程。虽然 N – S 方程有明确的形式,但是它对任何的流动条件都不能得到解析解。为了在工程设计中获得研究对象的空气动力特性,在工程中常采用的方法有风洞试验、理论研究,工程方法和计算流体力学(CFD)方法。

理论空气动力学在很大程度上都是对 N – S 方程进行可解简化的探索,将这些理论方法应用在工程上,通常也使用计算机编制程序通过数值计算来实现。

工程设计中的气动分析的方法有多种,精度和计算量通常是矛盾的。一般来说,除了风洞试验,CFD 是精度最高的计算方法,但是考虑到计算量,在建立气动分析时,在 CFD 计算的基础上通过近似方法构建代理模型是一种不错的选择。在统计数据和经验公式准确度较高时,也可以合理选用工程经验公式进行分析。

2.4.3 多学科优化设计方法

从系统学的角度,任何系统都是由若干元素通过某种方式结合在一起,通过元素间的相互作用,构成具有特定功能的整体。MDO 的出发点就是把设计对象视为系统,用系统学的观点和方法来处理工程设计问题。

系统具有层次性和整体性。

(1) 层次性。一个系统的常态是包含多个元素,只有一个元素,不能划分的事物不是系统,多元是系统存在的前提。系统的不同元素之间必定相互关联,不存在孤立的、不与其他元素发生关系的单元。那些具有共同特征、联系紧密的元素形成一组,产生了自己的目标,组成子系统。系统总是可以划分为若干子系统,子系统还可以划分为下一级子系统,这样构成了系统的层次。各层次的子系统为统一的目标而相互协调运作,而又有各自的特点和运行方式。

(2) 整体性。子系统联系在一起,形成一个整体,产生单独子系统不具备的特征,即整体涌现性。系统学认为,整体涌现性是各子系统按照某种组织结构相互关联、相互作用、相互制约、相互激发的结果。这实际上指出,系统的主要特征就是由于不同子系统之间的有机结合,产生了子系统所不具备的系统级属性。

系统的层次性和整体性,为复杂系统的研究提供了方向。国内外学者通过将还原论和整体论有机地结合起来,通过还原将系统分解为不同领域内相对简单的子系统,充分利用各领域的现有的研究成果,对子系统进行分析,以充分获得它们的信息。同时把握系统目标,分析子系统之间的关系,进行综合以获得系统的整体属性。

2.4.3.1 系统级优化问题

在系统级优化问题中,进行系统需求分析与概念设计,选择可行的系统构思方案,对系统进行初步结构设计。如图 2.11 所示是多学科优化设计过程以无人飞行器为例可以确定以下设计变量:机翼展弦比 A,机翼面积 S,机身长度 L,机身直径 d,巡飞高度空气密度 ρ。这些变量作为系统级优化的输入变量。

2.4.3.2 学科级优化问题

根据上节的输入参数,进行无人飞行器气动、重量和性能等学科级的优化。这些子系统之间的信息交流如图 2.12 所示。下面就针对上述各个学科级的优化问题进行分析。

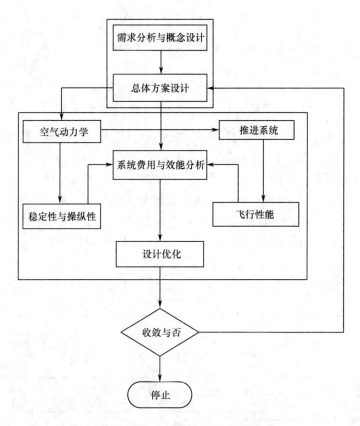

图 2.11 多学科优化设计过程

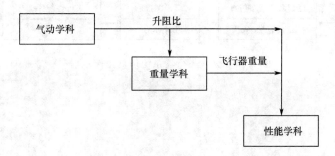

图 2.12 子系统模块之间的信息交流

（1）气动学科。气动学科的主要任务是对于给定的无人飞行器的布局和外形,建立无人飞行器的气动分析模型,提供升力系数、俯仰力矩系数,阻力系数,升力线斜率和极曲线等空气动力特性。气动学科分析的功能如图 2.13 所示。

（2）重量学科。重量学科的主要任务是计算无人飞行器的全机重量 W 和重心。无人飞行器的全机重量由机体结构重量、推进系统重量和设备重量组成。设

图 2.13 气动学科分析功能图

备重量包括飞行控制与导航系统(传感器、机载计算机、舵机等)重量,探测系统(探测装置、天线、数传电台等)重量。

（3）性能学科。性能学科的主要任务是在推力(功率)特性、气动特性(极曲线)、重量计算模块的基础上,得出失速速度和最大航程 R。通过上述气动、重量、飞行性能模块的分析,为进行多学科优化设计奠定了基础。根据多学科优化设计流程可构建无人飞行器多学科仿真平台,其仿真工作流程如图 2.14。

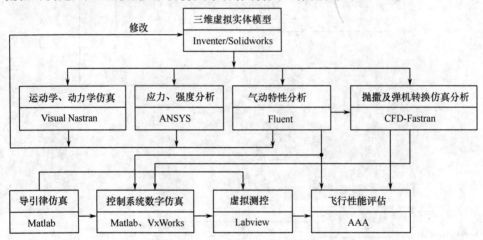

图 2.14 无人飞行器系统仿真工作流程

30

第3章 无人系统的控制与导航制导技术

3.1 自动控制系统

控制系统是无人系统的"大脑",主要完成操纵、指挥控制和任务管理功能。自动控制系统是在无人直接参与下可使生产过程或其他过程按期望规律或预定程序进行的控制系统。自动控制系统是实现自动化的主要手段。

自动控制系统主要由控制器、被控对象、执行机构和变送器四个环节组成。本节主要以无人飞行器控制系统为例进行分析。

3.1.1 控制系统总体

飞行控制是指在飞行中保持无人飞行器姿态与航迹的稳定,包括俯仰、横滚、航向三个轴向的姿态稳定,并根据地面的指挥控制指令,改变飞机的姿态与航迹。操纵与指挥控制完成对无人飞行器操纵指令的发布与指挥决策;任务管理负责完成导航计算、遥测数据传送、任务控制与管理等。

3.1.1.1 控制系统的总体结构与原理

无人飞行器的控制系统包括平台飞行控制系统和地面指挥控制站,图 3.1 给出了无人飞行器控制系统的总体结构图。

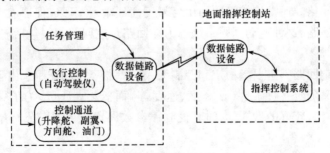

图 3.1 无人飞行器控制系统总体结构图

要实现无人飞行器的自主飞行,首先需要机载器件测量其飞行状态,然后利用控制律解算装置根据预置指令进行比较计算,输出控制信号给执行机构来驱动操纵舵面,控制无人飞行器的飞行状态。自动飞行控制的基本原理如图 3.2 所示。

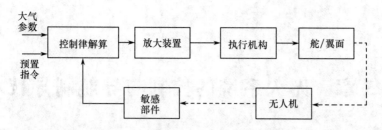

图 3.2　自动飞行控制的负反馈原理

当偏离原始状态时,敏感部件能够感受到偏离方向和大小,并输出相应信号,经计算,通过执行机构控制其舵面相应偏转。当其回到原始状态时,敏感部件输出信号为零,舵机以及相连的舵面也回到原位,无人飞行器按原始状态飞行。

典型的平台飞行控制系统一般包括三个负反馈控制回路,即舵回路、稳定回路和控制(制导)回路,如图 3.3 所示。

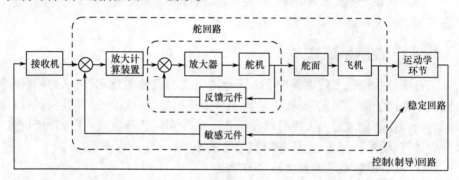

图 3.3　无人飞行器飞行控制的三种回路

（1）舵回路。通常将舵机的输出信号反馈到输入端形成保证舵机控制性能的负反馈控制回路,这种随动伺服系统称为舵回路。舵回路一般包括舵机、反馈部件和放大器。

（2）稳定回路。主要起稳定和控制无人飞行器姿态的作用。由于无人飞行器的动态特性又随着飞行条件(如高度、速度等)而变化。所以,为了保证在各种飞行状态下都具有较好的性能,有时其控制律参数设置成可以随飞行条件变化的调参增益。

（3）控制回路。主要起稳定和控制无人飞行器运动轨迹的作用。控制(制导)回路是在角运动稳定与控制回路的基础上构成的,其重心运动是通过控制无人飞行器的角运动实现的,这种方式实际是通过姿态的变化来控制飞行器的飞行轨迹。

3.1.1.2 飞行控制系统的控制通道

无人飞行器飞行控制系统是多输入多输出的控制系统。利用升降舵、副翼、方向舵及油门来完成对无人飞行器运动的控制。按照负反馈控制原理,控制系统需要通过传感器实时感知飞行器的姿态和航迹参数,根据这些参数和控制任务的要求,按照一定的飞行控制律生成控制指令信号,再经过放大和调整,通过舵机,驱动升降舵、副翼、方向舵及油门进行相应的偏转,使无人飞行器的姿态和航迹参数满足期望的要求。

根据无人飞行器沿纵向平面的对称性,通常将飞行控制在一定条件下分解为相对独立的纵向通道和横侧向通道。其中,纵向通道可以稳定与控制无人飞行器的俯仰角、高度、速度等;横侧向控制通道可以稳定与控制无人飞行器的航向角、滚转角和侧偏距等,如图 3.4 所示。

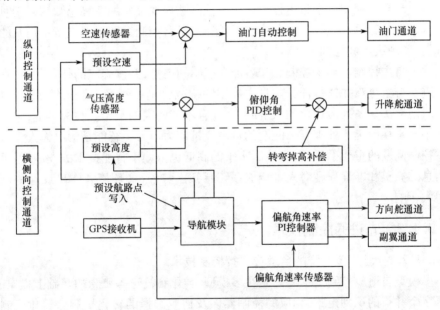

图 3.4　无人飞行器的飞行控制通道

无人飞行器的纵向运动指无人飞行器的俯仰及升降运动,无人飞行器的纵向运动规律是通过操纵无人飞行器的升降舵来实现的。在纵向控制通道中有俯仰角反馈和俯仰角速率反馈,这两项构成了纵向通道的核心控制回路——内回路。另外,还有高度差反馈,只有在无人飞行器做定高飞行时才需要接入,以稳定无人飞行器的飞行高度。

无人飞行器的横侧向运动指无人飞行器的滚转和偏航运动,是通过控制副翼和方向舵来实现的。方向舵回路相对比较简单,主要用来增加荷兰滚阻尼。副翼回路则相对复杂,它以滚转角控制为内回路,侧偏距控制为外回路,侧偏控制主要通过滚转角控制实现。利用副翼的偏转调节滚转角度,进而控制侧偏距。

3.1.1.3　常见的飞行控制方式

无人飞行器的控制方式主要包括遥控控制、程序控制/指令控制、半自主控制和自主控制等方式。

(1)遥控控制。遥控控制主要指操作员实时精确控制飞行器的气动舵面和发动机状态的过程。操作员需要适时观测信息以监控飞机并控制其机动,通信链路的可靠和畅通无疑是整个技术环节的关键。

(2)程序控制/指令控制。程序控制指按预先装订的内容(预编程序)由自动驾驶仪自动实现无人机的控制,以完成预先确定的航路和规划的任务。指令控制则是向驾驶仪提供导引和控制指令。

(3)半自主控制。半自主控制指任务控制站根据最新的态势感知结果实时生成任务计划,通过数据链加载到无人飞行平台,平台控制系统根据飞行中加载的任务计划,实现决策和控制。

(4)自主控制。自主控制意味着能在线感知态势,并按确定的任务、原则在飞行中进行自主决策并执行任务。自主控制的挑战就是在不确定性条件下,实时或近实时地解决一系列最优化的求解问题,并且不需要人的干预。在根本上,它需要建立不确定性前提下处理复杂问题的自主决策能力。人工智能是解决无人飞行器自主控制问题的重要手段,自主控制水平的高低也依赖于智能技术的发展,但可获得信息的完整和准确程度对人工智能系统感知态势、解释环境和作出反应的能力有很大影响。

3.1.2　先进的控制技术

3.1.2.1　基于多模型的自适应飞行控制技术

多模型自适应控制技术是建立在多模型、转化和校正等概念的基础上提出的,包括多个并行的识别模式、相应的控制器以及适应选择的转化机制。转化机制的作用是发现最符合当前工作状态的模型,并转化到相应的控制器以改善整体性能,以一个有限模型集就能描述对象的不同状况为基础,相对每个模型设计出相应控制器。控制器可以保证在每个模型周围充分大的集合内的鲁棒性,并使这些集合间相互交叠,从而保证整个系统的解存在。

基于多模型自适应控制概念,NASA 提出了一种人工智能自主飞行控制技术方案,这种方案特别适合于先进无人飞行器的飞行控制,其特点如下。

(1)采用层次分阶的控制结构,保证了系统结构的开放性。

(2)可以方便地扩展到针对外部决策环境和自身重构控制等多种不确定的

34

情况。

（3）可以离线描述各种不确定性状态,降低决策和控制的复杂度。

（4）可以方便地与当前基于多模态控制的成熟飞行控制技术相结合,有助于将有人机飞行控制技术的研究成果移植到无人飞行器飞行控制领域。

3.1.2.2　战术控制系统

战术控制系统是为无人飞行器研制的一种开放式结构的先进飞行控制系统,其软件系统的主要功能是通过计算机系统向操作员提供有关的通信、任务作业、任务计划和任务执行的信息,并对其数据进行数据处理和分发。

战术控制系统可以对无人飞行器机体及其传感器和载荷进行五种级别的命令和控制。这五种级别的控制层次依次提高。

第一级为可以对一般的次级图像或数据进行接收和传送。

第二级为可以直接从无人飞行器接收图像或数据。

第三级为可以控制无人飞行器的载荷。

第四级为除了起飞和降落之外,可以控制无人飞行器的其他所有机动。

第五级为可以控制无人飞行器的所有机动,包括起飞和降落任务。

3.1.2.3　智能飞行控制

对无人飞行器飞行控制的最高要求是能够实现完全的自主决策与控制。智能控制是将控制技术与人工智能技术相结合而产生的一种先进控制思想和方法,它为解决无人飞行器自主控制问题提供了重要手段,无人飞行器自主控制水平的高低也依赖于智能技术的发展。具体地说,无人飞行器的智能控制要求主要表现在以下技术方面。

（1）可靠的自主起飞/着陆技术。

（2）出现故障、损伤、信息中断和遭遇强干扰时,能自行觉察判断,在无法修复和应变的情况下,自动返航着陆的技术。

（3）能根据飞行状态、战场态势与目标变化,快速做出改换目标、航线的决策技术。

（4）与目标对抗时,能快速识别目标及其变化情况,并作出攻击决策的技术。

（5）实时的任务/航路管理、规划技术。

3.1.3　自动驾驶仪的实现

自动驾驶仪工作过程中有三种工作模式：手动模式;辅助模式;任务模式。

（1）手动模式。手动模式的命令是操作手通过遥控器给出,是直接通过遥控器来控制电子调速器及各个舵机工作。

（2）辅助模式。辅助模式的命令也是由遥控器发出,设定无人飞行器飞行的速度、高度、转向角度等信息给 CPU 单元(TRITON),然后自动驾驶仪根据这些信息来稳定无人飞行器的姿态。

（3）任务模式。任务模式由地面站发送。自动驾驶仪自主模式,它的任务命令可以是任务前装定,也可以是任务执行过程中装定。

对于无人飞行器来说,自动驾驶仪是实现无人飞行器飞行控制功能的硬件平台。根据前文所述,自动驾驶仪要能实现无人飞行器三个通道的飞行控制功能,它的系统框图如图 3.5 所示。

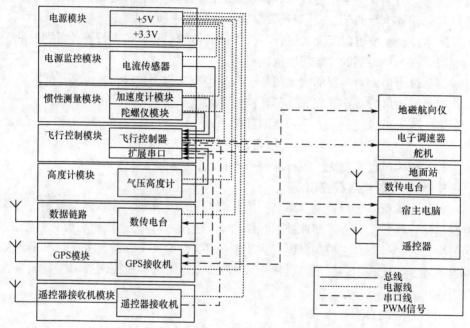

图 3.5 系统结构图

按照飞行控制的需要,无人飞行器自动驾驶仪的基本设计要求通常包括以下几点。

（1）飞行控制计算机应该具有较快的处理速度和丰富的内部资源。

（2）能够对倾斜传感器输出的两个倾角信号、气压高度计输出的高度信号、空速传感器输出的速度信号进行高精度采集及处理。

（3）对舵机和发动机油门等执行机构,能够进行脉宽调制(PWM)。

（4）具有多个通信接口,以便能与 GPS 导航系统、数据存储系统、无线传输系统、地面检测系统等进行通信。

（5）应该具有开关量控制接口,满足开伞、抛伞以及其他任务设备开关等要求。

36

（6）具有定时器以及电源监测能力。

（7）能够通过数传设备与地面控制台进行双向通信。

（8）能够进行遥控飞行与自主飞行模式的自动切换。

（9）能够进行数据存储，记录无人飞行器的飞行状态。

3.2 自主导航与制导技术

3.2.1 惯性导航技术

惯性导航是以牛顿力学定律为基础，依靠安装在无人系统内部的加速度计测量载体在三个轴向的运动加速度，经积分运算得出载体的瞬时速度和位置，以及测量载体的姿态的一种导航方式。惯导系统是一种航位推算系统，只要给出了载体的初始位置及速度，系统就可以实时地推算出载体的位置、速度以及姿态信息，自主地进行导航。纯惯性导航系统会随着飞行航时的增长，因积分积累而产生较大的误差，导致定位精度随时间增长而呈发散趋势，故纯惯导系统不能长时间独立工作。影响惯性导航系统的误差源很多，其中主要有惯性仪表本身的误差；惯性仪表的安装误差和标度误差；系统的初始条件误差（包括导航参数和姿态航向的初始误差）；系统的计算误差以及各种干扰引起的误差等。这些误差都是比较本质的误差。平台式惯性导航与捷联式惯性导航虽有较大的差别，但因其基本工作原理没有本质的不同，故其误差特性基本上是相同的，不同的只是误差的大小。

惯性导航技术是当前导航技术的重点技术，原因就在于其不依赖与外部信息。其有如下优点。

（1）由于它是不依赖于任何外部信息，也不向外部辐射能量的自主式系统，故隐蔽性好，也不受外界电磁干扰的影响。

（2）可全天候、全时间地工作于空中、地球表面乃至水下。

（3）能提供位置、速度、航向和姿态角数据，所产生的导航信息连续性好而且噪声低。

（4）数据更新率高、短期精度和稳定性好。

惯性导航系统具有独特的优点，能不依赖外界任何信息实现完全自主的导航。其最大的问题在于导航精度，惯性导航系统的定位误差是随时间积累的累积误差，影响导航精度的主要原因是惯性传感器本身的精度，而单纯提高惯性传感器的精度毕竟是有限的。所以需要寻找更合理的解决途径，把惯性导航系统作为主导航系统，再辅助其他方式的导航系统来提高导航精度。

3.2.2　卫星导航技术

3.2.2.1　全球卫星定位(GPS)技术

GPS全球定位系统是美国国防部于1973年11月授权开始研制的海、陆、空三军共用的新一代卫星导航系统,历经20余年。GPS可以提供全球任一点的三维空间位置、速度和时间,具有全球性、全天候、连续的精密三维导航与定位能力。

GPS系统分为三部分,包括空间卫星部分、地面监控部分和用户接收机部分。GPS的空间卫星星座由24颗卫星组成,其中包括3颗备用卫星。卫星分布在6个轨道面内,每个轨道面上分布有4颗卫星。每颗卫星每天约有5h在地平线上,同时位于地平线以上的卫星个数,随时间和地点的不同而有差异,最少4颗,最多可以达到11颗,这种GPS卫星配置方式保障了在地球任何地区、任何时间都至少可以同时观测到4颗卫星,加之卫星信号的传播和接收不受天气的影响,因而保证了GPS定位的全球性、全天候和实时性。不过GPS卫星的这种分布,也使得在个别地区可能在某一短时间内(如数分钟),只能观测到4颗位置不理想的卫星,而无法达到必要的定位精度。

GPS的地面监控部分主要由分布在全球各地的5个监控站组成,其中包括卫星监测站、卫星主控站和信息注入站。卫星监测站都是无人值守的数据收集中心,在卫星主控站的控制下跟踪接收卫星发射的L波段双频信号,并通过环境数据传感器收集当地的气象数据,由信息处理机处理收集所得的全部信息,并传送给卫星主控站。卫星监测站设有原子钟,与卫星主控站原子钟同步,作为精密时间基准。主控站控制整个地面站的工作,主控站的精密时钟是GPS的时间基准,各个监测站和各卫星的时钟都需要与主控站的精密时间同步。注入站是当卫星通过其视界时,用S波段载波将导航信息注入卫星,还负责监测注入卫星的导航信息是否正确。

全球卫星定位系统的空间部分和地面监控部分是用户应用系统进行定位的基础,只有通过终端才能收到GPS卫星发出的信息,才能实现应用GPS定位的目的。用户终端的主要任务是接收GPS卫星发射的无线电信号,以获得必要的定位信息及观测量,并经数据处理来完成定位工作。

GPS接收机可接收用于授时而准确至纳秒级的时间信息,用于预测未来几个月内卫星所处概略位置的预报星历,用于计算定位时所需卫星坐标的广播星历,精度为几米至几十米,以及GPS系统信息,如卫星状况等。GPS虽然优点很多,但也有致命弱点,如对于机动性高的场合,会产生"周跳"现象,导航精度急剧下降。完全依赖外界(如卫星和地面控制中心)的可靠性,易受干扰,战时可能被关闭。

GPS接收机通过对信号码的量测可得到卫星接收机的距离,这个距离由于含有接收机卫星钟的误差及大气传播误差,故称为伪距。对 CA 码(民码)测得的伪距称为伪距 CA 码,精度约为 20m,对 P 码(军码)测得的伪距称为 P 码伪距,精度约为 2m。

按定位方式,GPS 定位分为单点定位和相对定位(差分定位)。单点定位就是根据一台接收机的观测数据来确定接收机天线位置的方式,它只能采用伪距观测量,可用于车船等的概略导航定位。相对定位(差分定位)是根据两台以上接收机的观测数据来确定观测点之间的相对位置的方法,它既可采用伪距观测量也可采用相位观测量。GPS 观测量中包含了卫星和接收机的钟差、大气传播延迟、多路效应等误差,在定位计算时还要受到卫星广播星历误差的影响,在进行相对定位时大部分公共误差被抵消或减弱,因此相对定位精度大大提高。双频接收机可以根据两个频率的观测量抵消大气中电离层误差的主要部分,在精度要求高、接收机间的距离较远时(大气有明显差别),应选用双频接收机。

在定位观测时,若接收机相对于地球表面运动,则称为动态定位。如用于车船等概略导航定位的精度在 5～30m 的伪距单点定位,或用于城市车辆导航定位的米级精度的伪距差分定位等。在定位观测时,若接收机相对于地球表面静止,则称为静态定位,在进行控制网观测时,一般均采用这种方式,它需要由几台接收机同时观测,能最大限度地发挥 GPS 的定位精度。专用于这种目的的接收机被称为测量型接收机,是接收机中性能最好的一类。

3.2.2.2 差分 GPS 定位技术

差分技术很早就被人们所应用。它实际上是一个观测站对两个目标的观测量、两个观测站对一个目标的观测量或一个观测站对一个目标的两次观测量之间的差。其目的在于消除公共误差和公共参数。差分技术在以前的无线电定位系统中广泛应用。

GPS 是一种高精度卫星定位系统,能给出高精度的定位结果。在 GPS 定位过程中,存在着三部分误差。第一部分是每一个用户接收机所公有的,如卫星钟误差、星历误差、电离层误差、对流层误差等;第二部分是不能由用户测量或由校正模型来计算的传播延迟误差;第三部分为各用户接收机所固有的误差,如内部噪声、通道延迟、多径效应等。利用差分技术,第一部分误差完全可以消除,第二部分大部分可以消除,第三部分误差则无法消除。开始时,有人提出利用差分技术来进一步提高定位精度,但由于用户要求还不迫切,所以这一技术发展缓慢。随着 GPS 应用领域的进一步开拓,人们越来越重视定位精度的提高。为此,又开始发展差分 GPS 定位技术。它使用一台 GPS 基准接收机和一台用户接收机,利用实时或事后处理技术,使用户测量时消去公共的误差源。

根据差分 GPS 基准站发送的信息方式可将差分 GPS 定位分为三类,即位置差分、伪距差分和相位差分。这三类差分方式的工作原理是相同的,即都是由基准站发送改正数,由用户站接收并对测最结果进行改正,以获得精确的定位结果。所不同的是,发送改正数的具体内容不一样,其差分定位精度也不同。

位置差分是一种最简单的差分方法,任何一种 GPS 接收机均可改装和组成这种差分系统。安装在基准站上的 GPS 接收机观测 4 颗卫星后便可进行三维定位,解算出基准站的坐标。由于存在着轨道误差、时钟误差、SA 影响、大气影响、多径效应以及其他误差,解算出的坐标与基准站的已知坐标是不一样的,存在误差。基准站利用数据链将此改正数发送出去,由用户站接收,并且对其解算的用户站坐标进行改正。最后得到的改正后的用户坐标已消去了基准站和用户站的共同误差,如卫星轨道误差、SA 影响、大气影响等,提高了定位精度。以上先决条件是基准站和用户站观测同一组卫星的情况。

伪距差分是目前用途最广的一种技术。几乎所有的商用差分 GPS 接收机均采用这种技术。国际海事无线电委员会推荐的 RTCM SC – 104 也采用了这种技术。在基准站上的接收机要求得到它至可见卫星的距离,并将此计算出的距离与含有误差的测量值加以比较。利用一个 $\alpha - \beta$ 滤波器将此差值滤波并求出其偏差。然后将所有卫星的测距误差传输给用户,用户利用此测距误差来改正测量的伪距。最后用户利用改正后的伪距来解算出本身的位 H,就可消去公共误差,提高定位精度。与位置差分相似,伪距差分能将两基准站公共误差抵消,但随着用户到基准站距离的增加又出现了系统误差,这种误差用任何方法都是不能消除的。用户和基准站之间的距离对精度有决定性的影响。

相位差分技术又称为 RTK(Real Time Kinematic)技术,是建立在实时处理两个测站的载波相位基础上的。它能实时提供观测点的三维坐标,并达到厘米级的高精度。与伪距差分原理相同,由基准站通过数据链实时将其载波观测量及基准站坐标信息一同传送给用户站,用户站接收 GPS 卫星的载波相位与来自基准站的载波相位,并组成相位差分观测值进行实时处理,能实现厘米级的定位结果。

3.2.3 组合导航

根据前面对惯性导航系统和 GPS 导航系统的分析,这两种导航系统各有其显著的优缺点。惯性导航系统主要缺点是导航误差随时间增长而开始发散,这样在需要长时间导航服务的领域内,惯性导航系统就不能满足要求。而 GPS 系统接收机的工作受飞行器机动的影响,当飞行器机动超过 GPS 的动态范围时,接收机会死锁,或者误差增大,不能使用。而且 GPS 的信号更新频率一般在 1 ~ 2Hz,如果飞行器需要快速更新导航信息,单独搭载 GPS 系统就不能满足飞行器更新信息的需要。

一种更好的方式就是综合两种导航系统以构成GPS/惯性组合导航系统,两种导航系统互相取长补短,使综合后的导航系统精度高于各自导航系统的精度。组合的优点表现在:对惯导系统可以实现惯性传感器的校准、惯导系统的空中对准、惯导系统高度通道的稳定等,从而可以有效地提高惯导系统的性能和精度;对GPS系统来说,惯导系统的辅助可以提高其跟踪卫星的能力,提高接收机动态特性和抗干扰性。另外,GPS/惯导组合可以实现GPS完整性的检测,从而提高可靠性。另外,GPS/惯导组合可以实现一体化,把GPS接收机放入惯导部件中,以进一步减少系统的体积、质量和成本,便于实现惯导和GPS同步,减小非同步误差。总之,GPS/惯性组合可以构成一种比较理想的导航系统,是目前多数无人飞行器所采用的主流自主导航技术。

3.2.4 导航技术发展趋势

(1)研制新型惯导系统,提高组合导航系统精度。新型惯导系统目前已经研制出光纤惯导、激光惯导、微固态惯性仪表等多种方式的惯导系统。随着现代微机电系统的飞速发展,硅微陀螺和硅加速度计的研制进展迅速,其成本低、功耗低、体积小及质量轻的特点很适于战术应用。随着先进的精密加工工艺的提升和关键理论技术的突破,会有多种类型的高精度惯导装置出现,组合制导的精度也会随之提高。

(2)增加组合因子,提高导航稳定性能。未来导航将对组合导航的稳定性和可靠性提出更高的要求,组合导航因子将会有足够的冗余,不再依赖于组合导航系统中的某一项或者某几项技术,当其中的一项或者几项因子因为突发状况不能正常工作时,不会影响到正常导航需求。

(3)研发数据融合新技术,进一步提高组合导航系统性能。组合导航系统的关键器件是卡尔曼滤波器,它是各导航系统之间的接口,并进行着数据融合处理。目前研究人员正在研究新的数据融合技术,例如采用自适应滤波技术,在进行滤波的同时,利用观测数据带来的信息,不断地在线估计和修正模型参数、噪声统计特性和状态增益矩阵,以提高滤波精度,从而得到对象状态的最优估计值。

3.2.5 自主制导技术

自主制导技术是指在无人飞行器执行任务之前,根据起飞点和目标的位置,拟定一条预定轨迹,并将其预置于飞行控制系统中。

3.2.5.1 惯性制导

惯性制导是利用装在载体上的惯性器件,测量相对惯性空间的运动参数,在给定的初始运动条件下,自主地形成控制信号以控制无人飞行器飞行的一种自主制导技术。惯性制导系统主要由加速度计、陀螺稳定平台、制导计算机及稳定控制系统等组成。

惯性制导系统一般可分为：平台式惯性制导系统、捷联式惯性制导系统和组合式惯性制导系统。

1）平台式惯性制导系统

平台式惯性制导系统的核心部件是装载加速度计和陀螺仪的陀螺稳定平台。它给加速度计提供作为量测基准的惯性坐标系，隔离惯性敏感元件与机体的角运动，从框架轴拾取机体姿态角信息。陀螺稳定平台是一种陀螺稳定器，一般由陀螺仪、加速度计和平台伺服机构组成。其作用是隔离机载设备的角运动，解决加速度计的空间稳定问题，为其建立一个不受外界干扰的量测基准，获得角位置信息。陀螺稳定平台通过平台稳定回路将平台稳定在惯性空间。将敏感方向互相垂直的三个加速度计放在惯性空间稳定的三轴陀螺稳定平台上，可测得加速度矢量在惯性坐标系三个正交轴上的投影。加速度计不仅对惯性加速度矢量敏感，对重力加速度也敏感。由加速度计测得的加速度必须去掉重力加速度的影响。陀螺稳定平台有二轴陀螺稳定平台和三轴陀螺稳定平台，后者保证被稳定物体在三个互相垂直的轴上稳定，又称空间陀螺稳定平台。

平台式惯性制导系统可细分为空间稳定惯性制导系统、进动式惯性制导系统和重力惯性制导系统。

（1）空间稳定惯性制导系统用一个三轴陀螺稳定平台，实现对惯性空间的稳定。平台上装有三个互相垂直的线加速度计，量测惯性空间三个正交方向的加速度分量。这种惯性制导系统应解决重力加速度的修正和惯性坐标系向地面坐标系的转换问题。

（2）进动式惯性制导系统使用一个三轴陀螺稳定平台，该平台必须相对惯性空间进动，以保证不断地跟踪当地水平面。两个线加速度计量测地球东向、北向加速度。这种惯性制导系统应消除由于地球自传、机体飞行时相对地球运动引起的哥氏加速度、机体围绕地球表面运动引起的向心加速度等有害加速度，还应消除地球为椭球带来的影响。

（3）重力惯性制导系统的加速度计和陀螺仪分别装在两个陀螺稳定平台上，安装陀螺仪的平台稳定在惯性空间，安装加速度计的平台跟踪当地水平面（跟踪重力线）。两个平台由一个转轴相连接，旋转轴与地球自转轴平行，并以地轴角速度旋转。由两个平台的几何关系确定经度、纬度。

2）捷联式惯性制导系统

捷联惯性制导系统是一种没有实体平台的惯性制导系统，通常由陀螺仪、加速度计和制导计算机等组成。它把加速度计和陀螺仪直接安装在无人飞行器机体上。加速度计组合的敏感轴固定在机体上,测量加速度在机体三个轴上的分量。陀螺仪的敏感轴与机体固连。位置陀螺仪利用陀螺的定轴性,测量机体的姿态角。速率陀螺仪利用陀螺的进动性测量机体的瞬时角速度。

制导计算机则把加速度计、陀螺仪输出在机体坐标系的视在加速度、机体姿态角或瞬时角速度通过坐标变换转换到惯性坐标系,并进行重力加速度的补偿,算出机体相对惯性坐标系的运动参数。在捷联惯性制导系统中,制导计算机实际上替代了复杂的陀螺稳定平台的功能。捷联惯性制导可分为位贯捷联惯性制导和速率捷联惯性制导。

惯性制导系统不受外界干扰,也不受气象条件的影响,具有完全的自主性,但也存在仪器误差、陀螺漂移等引起的制导误差。为了提高惯性制导系统的精度,常用其他自主制导技术修正惯性制导系统的误差,更多的是把惯性制导系统与其他自主制导系统相结合,构成复合自主制导系统。

3.2.5.2　卫星制导

利用卫星提供载机的实时位置,与预置的航路点位置比照,形成控制信号,控制无人飞行器最终飞向目标的一种制导方式。其原理类似于 GPS 导航。

3.2.5.3　程序制导

程序制导是按照预先的程序,控制无人系统自主飞行的自主制导技术。其制导系统是一种程序控制系统。

程序制导系统是由程序指令机构和控制系统组成。程序指令机构按照程序产生控制命令,将命令传入控制系统,然后操纵执行机构,使得无人系统按照预定轨迹运动。

3.2.6　寻的制导技术

寻的制导是利用装在无人飞行器上的导引头(寻的器)接受目标辐射的或反辐射的某种特征能量,确定目标和无人飞行器的相对位置,在无人飞行器上形成控制信号,自动将无人飞行器导向目标的制导技术。

3.2.6.1　雷达寻的制导

雷达寻的制导也叫无线电寻的制导,它是利用装在无人飞行器上的探测雷达发射探测电磁波,机载导引头接收目标辐射或反射的无线电波,实现对目标的跟踪并形成引导指令,控制无人飞行器飞向目标的一种导引方法。和其他制导方法一样,在制导过程中,无线电寻的制导需要不断地观测和跟踪目标,形成控制信号,并输入到无人飞行器飞行控制系统,最后控制无人飞行器飞向目标。

无线电寻的制导系统分为主动式寻的制导、半主动式寻的制导和被动式寻的制导三种。

1）主动式雷达寻的制导系统

采用主动式雷达、寻的制导系统的无人飞行器上装有微型探测装置和微传感器。安装在无人机上的探测装置主动向目标发射无线电波。寻的制导系统根据目标反射回来的电波，确定目标的坐标及运动参数，形成控制信号，送给无人飞行器上的飞行控制系统，从而控制无人飞行器飞向目标。次制导方式的主要优点是无人飞行器在飞行过程中完全不需要地面设备提供任何能量或控制信息，可做到"发射后不管"。主要缺点是无人飞行器上需安装复杂的探测设备，大大增加了有效载荷的重量。

2）半主动式雷达寻的制导系统

半主动式雷达寻的制导系统指雷达发射机装在地面（或飞机、舰艇）上，雷达发射机向目标发射无线电波，而装在无人飞行器上的导引头接收目标反射的电波确定目标的坐标及运动参数后，形成控制信号，输送给无人飞行器飞行控制系统，操纵无人飞行器准确飞向目标。这种方式的优点是安装在无人飞行器上的设备比较简单。其缺点是无人飞行器在攻击目标前的整个飞行过程中，依靠地面照射能源，必须始终"照射"目标，易受到干扰和攻击。

3）被动式雷达寻的制导系统

被动式雷达寻的制导系统是利用目标辐射的无线电波进行工作的。无人飞行器上的导引头用来接收目标辐射的无线电波。在导引过程中，寻的制导系统根据目标辐射的无线电波，确定目标的坐标及运动参数，形成控制信号，输入飞行控制系统，操纵无人飞行器准确飞向目标。被动式寻的制导过程中，无人飞行器本身不辐射能量，也不需要别的照射源把能量照射到目标上，其主要优点是不易被目标发现，工作隐蔽性好。主要缺点是它只能制导无人飞行器攻击正在辐射能量（红外线、无线电波）的目标，由于受到目标辐射能量的限制，作用距离比较近。

3.2.6.2 红外点源寻的制导

红外寻的制导是利用目标辐射的红外线作为探测与跟踪信号源的一种被动式寻的制导。它是把所探测与跟踪到的目标辐射的红外线作为点光源处理，故称为红外点源寻的制导，或称红外非成像寻的制导。

不同的目标和背景的温度不同，它们辐射的红外特性就不同。如人体和地面背景温度为300K左右，最大辐射波长为9.7μm。涡轮喷气发动机热尾管的有效温度为900K，最大辐射波长为3.2μm。红外自寻的制导系统正是根据目标和背景红外辐射能量不同，从而把目标和背景区分开来，以达到导引的目的。

红外寻的制导系统的优点如下。

（1）制导精度高，由于红外制导是利用红外探测器捕获和跟踪目标本身说辐

44

射的红外能量来实现寻的制导,其分辨力高,且不受无线电干扰的影响。

（2）可"发射后不管",无人飞行器在发射导弹后即可离开,由于采用被动寻的工作方式,导弹本身不辐射用于制导的能量,也不需要其他的照射能源,攻击隐蔽性好。

（3）无人飞行器上安装的制导装置简单,体积小,质量轻,工作可靠。

红外寻的制导的缺点如下。

（1）受气候影响大,不能全天候作战,雨、雾天气红外辐射被大气吸收和衰减的现象和严重,在有烟、尘、雾的地面背景中其有效性大为下降。

（2）容易受到激光、阳光、红外诱饵等干扰和其他热源的诱骗,偏离和丢失目标。

（3）作用距离有限。

3.2.6.3 红外成像寻的制导

红外成像又称热成像,红外成像技术就是把物体表面温度的空间分布情况变为按时间顺序排列的电信号,并以可见光的形式显示出来,或将其数字化存储在存储器中,为数字机提供输入,用数字信号处理方法来分析这种图像,从而得到制导信息。它探测的是目标和背景间微小的温差或辐射频率差引起的热辐射分布情况。红外成像制导技术具备在各种复杂战术环境下自主搜索、捕获、识别和跟踪目标的能力,代表了当代红外制导技术的发展趋势。

红外成像制导是一种自主式"智能"导引技术,其突出特点是命中精度高,能使制导武器直接命中目标或目标的要害部位。红外成像导引头采用中、远红外实时成像器,以 8 ~ 14μm 波段红外成像器为主,可以提供二维红外图像信息,利用计算机图像信息处理技术和模式识别技术对目标的红外图像进行自动处理,模拟人的识别功能,实现寻的制导系统的智能化。红外成像制导系统主要优点如下。

（1）抗干扰能力强。红外成像制导系统探测目标和背景间微小的温差或辐射率差引起的热辐射分布图像,制导信号源是图像,有目标识别能力,可以在复杂干扰背景下探测、识别目标,因此,干扰红外成像制导系统比较困难。

（2）空间分辨力和灵敏度高。红外成像制导系统一般采用二维扫描,它比一维扫描的分辨力和灵敏度高,很适合探测远程小目标。

（3）探测距离大,具有准全天候作战功能。与可见光成像相比,红外成像系统工作在 8 ~ 14μm 远红外波段,该波段能穿透雾、烟尘等,其探测距离比电视制导大了 3 ~ 6 倍,克服了 3.2.6.4 节所述的电视制导系统难以在夜间和低能见度下工作的缺点,可昼夜工作,是一种能在恶劣气候条件下工作的准全天候探测的制导系统。

（4）制导精度高。该类导引头的空间分辨力很高。它把探测器与微型计算机处理结合起来，不仅能进行信号探测，而且能进行复杂的信息处理，如果将其与模式识别装置结合起来，就完全能自动从图像信号中识别目标，具有很强的多目标鉴别能力。

（5）具有很强的适应性。红外成像导引头可以装在各种型号的攻击飞行器上使用，只需要更换不同的识别跟踪软件。

3.2.6.4 电视寻的制导

电视寻的制导是由装在无人飞行器上的电视导引头，利用目标反射的可见光信息，形成引导指令，实现对目标跟踪和对攻击飞行器控制的一种被动寻的制导技术。电视寻的制导的核心是电视导引头，它在攻击飞行的末段发现、提取、捕获目标，同时计算出目标距光轴位置的偏差，该偏差量加入伺服系统，进行负反馈控制，使光轴瞬时对准目标。当光轴与飞行轨迹不重合时，给出与偏角成比例的控制电压，送给无人飞行器飞行控制系统，使飞行轨迹与光轴重合。上述作用的结果，使自主攻击型无人飞行器实时对准目标，引导其直接摧毁目标。

电视制导属于被动式制导，是光电寻的制导的一种，与其他制导方式相比有着独特的优点。首先它所能感知的信息丰富且精确，在自然干扰及人工干扰的情况下，电视制导可以以其丰富的信息量去抑制干扰的影响，从而提高跟踪精度和可靠性。其次在现代制导系统中，往往需要智能化的跟踪系统，以适应诸如工作环境的变化、工作状态的变化、不同工作阶段的变迁以及人工干扰的影响。智能化程度要根据所能提供的信息量来决定，由于电视制导所能提供的信息量非常丰富，因此，它较其他制导方式能达到较高的智能化程度。而且电视制导对目标的探测是被动的，隐蔽性好，不易受到干扰，有利于自身的安全和对目标的打击。此外，电视制导设备的造价相对较低，性价比较高。如能加入与电视制式兼容的红外成像仪，使电视制导系统不但可用于昼间和晴好天气，而且还可用于夜间和雾气、烟尘等恶劣天气环境。

3.2.6.5 激光寻的制导

激光寻的制导是由机载或非机载的激光照射器发射照射激光束打到目标上，再由无人飞行器上的激光寻的器接收目标漫反射的激光，形成引导指令，实现对目标的跟踪和将载机引向攻击目标的一种制导方式。

按照照射激光源所在位置的不同，激光寻的制导有主动和半主动之分。激光半主动寻的制导系统由无人飞行器上的激光寻的器和制导系统以外的目标指示部分组成。在制导过程中，目标指示器发射激光照射目标，无人飞行器上的激光寻的器接收从目标反射的激光波束作为制导信息，形成控制指令，送给飞行器控制系统，控制引导飞行器实时对准目标，甚至命中目标。

3.3　导航与控制系统

3.3.1　概述

  由安装在无人系统的惯性测量装置测量相对惯性空间的加速度和角速率在三个轴上的分量,并输入计算机,计算机按给定的导航计算算法得出加速度、速度、位置和姿态角信息。这些信息相应的提供给制导系统和稳定系统,控制完成给定任务。其基本原理如图3.6所示。

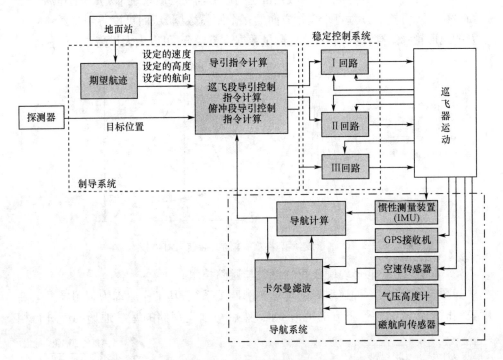

图 3.6　导航与控制系统基本原理

3.3.1.1　制导控制系统功能

  航迹跟踪控制和自寻的控制,构成了飞行器飞行控制的大回路。航迹跟踪系统根据装定的航路点位置信息和由飞行中导航系统提供的飞行器位置和速度信息,计算出位置偏差信号,并由设计的导引算法形成导引指令,输给稳定控制系统(小回路),操纵飞行器按选的航迹飞行,并达到要求的航迹控制精度。

  对于具有攻击任务的飞行器,搜索到目标后,就进入寻的阶段,弹上计算机按选定的导引律形成导引指令,同样输给稳定控制系统,控制飞行器毁伤目标。

3.3.1.2　稳定控制系统功能

稳定控制系统是由飞行器上计算机根据导引指令和飞行器运动信息:加速度(IMU 加速度表给出)、角速率(速率陀螺仪组合提供)按稳定控制算法形成控制舵面偏转的舵偏控制指令,送入舵系统,舵系统根据舵偏控制指令控制舵面偏转,使飞行器稳定受控。

3.3.2　导航系统与避障技术

3.3.2.1　基于成像雷达探测体制的导航与避障技术

如图 3.7 所示,一种基于成像激光雷达的地形辅助导航系统,该系统通过激光雷达扫描获取飞行器下方垂直于飞行方向的多个测量数据,从而可以得到多条飞行器下方的地形轮廓线高程数据,将这些测量数据进行融合,可以大大提高导航性能。

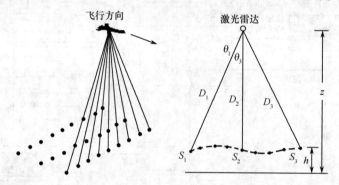

图 3.7　基于成像雷达探测体制的导航与避障技术

3.3.2.2　基于地形轮廓匹配的导航与避障技术

如图 3.8 所示,一种巡航导弹地形轮廓匹配系统,其工作原理为利用导弹上高度表实时测量巡航导弹下方的地形剖面,然后与预先存储的基准地形剖面进行相

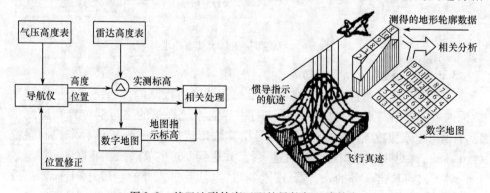

图 3.8　基于地形轮廓匹配的导航与避障技术

关匹配,实现对巡航导弹的实时定位。

3.3.2.3 基于超声波传感器探测的导航与避障技术

如图 3.9 所示,轻于空气(Lighter Than Air,LTA)飞行机器人采用在吊舱四周及下方和气囊的上方共装配有 8 个发射和接收的体积小、重量轻同体的超声波传感器探测环境信息,能很好地满足微小型 LTA 飞行机器人对重量轻的要求。本系统同时采用基于行为的研究方法,设计了基于电机神经元的神经网络直接控制飞行机器人的驱动电机,并用增强式学习的方法对飞行的结果作出评价,再用评判的结果在线修改网络权值,从而可以较理想地实现飞行机器人的主动避障。

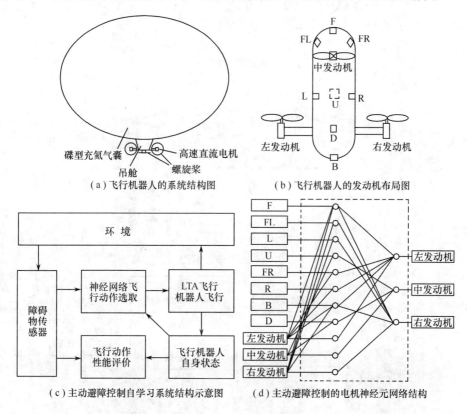

（a）飞行机器人的系统结构图   （b）飞行机器人的发动机布局图

（c）主动避障控制自学习系统结构示意图   （d）主动避障控制的电机神经元网络结构

图 3.9   LTA 飞行机器主动避障控制技术

3.3.2.4 基于光流探测原理的导航与避障技术

光流是空间运动物体被观测面上的像素点运动产生的瞬时速度场,包含了物体 3D 表面结构和动态行为的重要信息。一般情况下,光流由相机运动、场景中目标运动,或两者的运动产生。当场景中有独立的运动目标时,通过光流分析可以确定运动目标的数目、运动速度、目标距离和目标的表面结构。光流研究已经在环境建模、目标检测与跟踪、自动导航及视频事件分析中得到了广泛的应用。如图 3.10 所示，飞行器运动体通过光流检测测量其飞行的高度、倾斜、滚转、偏航速度、方向以及与前方目标的距离等。

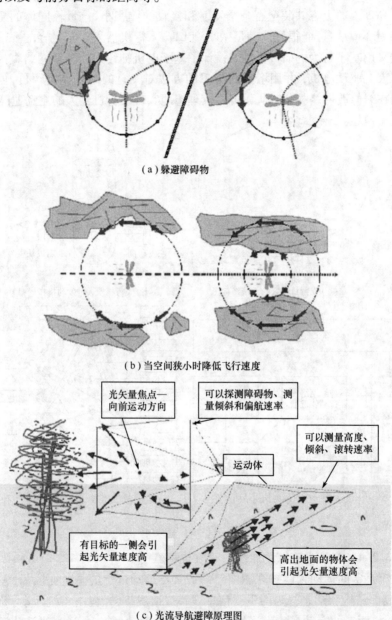

（a）躲避障碍物

（b）当空间狭小时降低飞行速度

光矢量焦点——向前运动方向

可以探测障碍物、测量倾斜和偏航速率

可以测量高度、倾斜、滚转速率

运动体

有目标的一侧会引起光矢量速度高

高出地面的物体会引起光矢量速度高

（c）光流导航避障原理图

图 3.10 基于光流探测原理的导航与避障技术原理图

50

如图 3.11 所示为 Centeye Inc 公司制造的质量为 5 ~ 10g 的光流传感器,以及大约 1m 长电动力固定翼飞机,其所用光流传感器为 10 ~ 20g;澳大利亚国立大学的汽油直升机,翼展为 1.5m,用 450MHz 光流传感器实现高度控制;加利福尼亚大学 2cm 翼展的微型飞行器其导航也用光流传感器。

图 3.11　光流传感器及其在微型小型飞行器上应用

3.3.2.5　基于磁红外姿态测量系统的导航与避障技术

如图 3.12 所示,为一种微型磁红外姿态测量系统,该系统包括三轴正交红外地平仪、三轴正交磁强计和微处理器及电源管理器。其中三轴正交红外地平仪测量载体的对地俯仰角和滚转角信号;三轴正交磁强计测量地磁强度在 X、Y、Z 轴上分量结合红外地平仪测量载体的对地俯仰角和滚转角解算出载体的航向角。是一种绝对的姿态测量系统,可以测量载体的全姿态,具有体积小、重量轻、算法简单和全天候工作等特点,可用于微小型飞行器的导航控制。

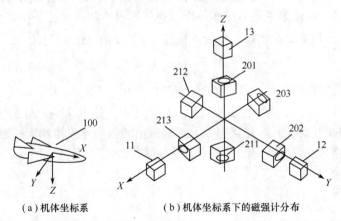

　　　（a）机体坐标系　　　　　（b）机体坐标系下的磁强计分布

图 3.12　基于磁红外姿态测量系统的导航与避障技术

3.3.2.6　基于视觉的导航与避障技术

在近年空中微小型飞行器的航路规划与避障技术中,基于视觉的导航和避障技术发展较快,其通常采用 CCD 敏感元件,如 Rajagopalan 采用摄像机来感知地面上的有色路径；Kanayam、Nelson、S. S. Lee 采用 CCD 记忆示教的软体路径，用再现的方法来获取路径信息。视觉导航方法的优点是获取信息量大，灵敏度高，成本低，并且可根据需要灵活地改变或扩充路径，具有很好的柔性，缺点是对环境光线有一定要求，并且由于计算复杂对导航的实时性有一定影响。随着视频设备、计算机硬件设备性能的不断改善以及图像处理方法的不断改进，视觉导航的实时性会有很大提高。

3.3.3　基于图像的辅助导航技术

利用图像处理技术对图像进行处理，并且结合其他的数据处理算法提取出图像中包含的一些导航信息，如飞行器的姿态角，滚转速度等信息，继而将这些信息传送给飞行器的控制系统，控制飞行器飞向目标区域，完成既定任务。

3.3.3.1　基于暗原色图像的边缘检测

地平线是一个边界，它将图像分割为两个部分，在它周围的邻域内边界两边的灰度值会有较大差异。地平线上方天空部分较为明亮，灰度值较大，而地平线下方的地面部分通常都比天空部分灰暗，灰度值较小。但是，这并不总是成立的。例如在有雾的情况下，图像之间的色差是减弱的，这也将导致图像中的边缘或纹理信息模糊，使得一般的边缘检测方法难以检测到边缘。

1）暗原色先验

暗原色先验是对户外无雾图像库的统计得出的规律，在绝大多数非天空的局部区域里，某一些像素总会有至少一个颜色通道具有很低的值。换言之，该区域光强度的最小值是个很小的数。用公式描述，对于一幅图像 J，定义

$$J_{dark}(x) = \min_{c \in (r,g,b)} \left(\min_{y \in \Omega(x)} J_c(y) \right) \tag{3.1}$$

式中，J_c 代表图像的某一个颜色通道，而是以为中心的一块方形区域。观察得出，除了天空方位，J_{dark} 的强度总是很低并且趋近于 0。如果 J 是户外的无雾图像，则 J_{dark} 称为 J 的暗原色图像，并且把以上观察得出的经验性规律称为暗原色先验。有的航拍视频彩色信息会严重损失，近似灰度图，暗原色先验也同样适用于灰度图像，表达式为

$$J_{dark}(x) = \min_{y \in \Omega(x)} J_c(y) \tag{3.2}$$

造成暗原色中低通道值主要有三个因素：①汽车、建筑物和城市中玻璃窗户的阴影，或者是树叶、树与岩石等自然景观的投影；②色彩鲜艳的物体或表面在 RGB 的三个通道中有些通道的值很低（比如绿色的草地/树/植物，红色或黄色的花朵/叶子，或者蓝色的水面）；③颜色较暗的物体或者表面，例如灰暗色的树干和石头。在户外无雾图像中非天空区域充满了阴影和颜色，因此暗原色值很低趋于零。但

52

是如果存在较多的亮度较高的像素点,那么就认为这些亮度来自天空中的雾气。

2) Sobel 边缘检测

暗原色图像是图像除雾过程中得到的副产品,图 3.13 是对一张图像进行除雾处理时得到的暗原色图像。我们可以清楚的看到,原图中由于雾的存在,图中的地平线并不明显,同时地面上存在河流等景物边缘的干扰;而在暗原色图像中,地面上的景物干扰基本上被去除,地平线边缘变得更加清晰,因此利用暗原色图像来进行天地分割的得到地平线是一种可取的方法。在得到暗原色图像之后,我们采用水平和垂直方向的 Sobel 算子对暗原色图像进行边缘检测,得到二值图像,然后通过旋转图像法来求取地平线的直线参数。图 3.14 是对暗原色图像进行边缘检测得到的图像与直接对原图进行边缘检测得到图像的对比。

(a)含雾的图像　　　　　　　　(b)去雾过程中得到的暗原色图像

图 3.13　暗原色处理图

(a)对暗原色图像边缘检测得到的二值图像

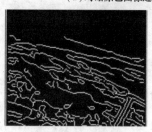 

(b)对原图进行边缘检测　　　　　(c)对原图进行边缘检测
得到的二值图像,阈值为0.1　　　得到的二值图像,阈值为0.2

图 3.14　图像边缘检测的二值图像

53

从图中我们可以看到,由于图像中存在河流等强干扰,且原图中的地平线边缘并不是很明显,直接对原图进行边缘检测会导致过多非地平线边缘的出现,而且大部分这些边缘比地平线要强,因此阈值变大后地平线边缘便无法检测。而对暗原色图像进行边缘检测则可以较完整的将地平线边缘检测出来,同时干扰边缘明显减少。

3.3.3.2 旋转法获取地平线

1)算法原理

旋转法是基于图像灰度来获取地平线直线参数的一种快速且准确的方法。其基本流程是:将图像旋转 α 角,计算旋转后的二值图像中每一列的灰度和(即白色像素的个数),记为 $p_\alpha(n)$,也就是第 n 列的灰度和;记下灰度值和最大的那一列 n_α 和灰度和 $p_\alpha(n)$,其中 α 在0°到180°之间变化,则可以得到若干 $p_\alpha(n)$,找出所有旋转角度下灰度值和最大值,记下灰度值最大值所对应的旋转角度 α 和最大值所在的列数 n_r。这样我们就找到了二值图像中最长的边缘,这里我们假设地平线就是图中最长的边缘。之后我们可以利用旋转前后的图像的几何关系求取地平线的直线参数。

我们定义两个坐标系:原始图像坐标系 Oxy 和旋转后的图像坐标系 $O_r x_r y_r$,α 图像绕中心旋转的角度,(x_0, y_0) 为图像中心在原始图像坐标系下的坐标,(x, y) 是地平线上任意一个像素点的坐标,如图 3.15 所示。

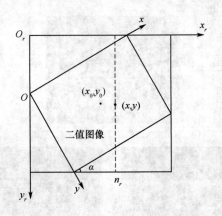

图 3.15　图像旋转前后的坐标系示意图

设图像中心在旋转后的坐标系下的坐标为 (x_{r0}, y_{r0}),像素点 (x, y) 在旋转后坐标系下的坐标为 (x_r, y_r),由于图像是绕中心旋转,所以中心点不变,经过坐标系的平移和旋转,可以得到两个坐标系的变换关系为

$$\begin{bmatrix} x_r \\ y_r \end{bmatrix} = \begin{bmatrix} \cos\alpha & \sin\alpha \\ -\sin\alpha & \cos\alpha \end{bmatrix} \begin{bmatrix} x - x_0 \\ y - y_0 \end{bmatrix} + \begin{bmatrix} x_{r0} \\ y_{r0} \end{bmatrix} \tag{3.3}$$

简化后得到

$$\begin{cases} x_r = x\cos\alpha + y\sin\alpha - x_0\cos\alpha - y_0\sin\alpha + x_{r0} \\ y_r = -x\sin\alpha + y\cos\alpha + x_0\sin\alpha - y_0\cos\alpha + y_{r0} \end{cases} \tag{3.4}$$

基于前面的假设,地平线上任意一点在旋转后坐标系下的横坐标均为 n_r,即 $x_r = n_r$,代入上式可以得到

$$n_r = x\cos\alpha + y\sin\alpha - x_0\cos\alpha - y_0\sin\alpha + x_{r0} \tag{3.5}$$

由于 (x,y) 是地平线上的任意一个像素点,则上式即为地平线的直线方程,写成 $y = kx + b$ 的形式,则可得

$$\begin{cases} k = -\tan\alpha \\ b = x_0\cot\alpha + y_0 + (n_r - x_{r0})/\sin\alpha \end{cases}, \quad \alpha \in \left(0, \frac{\pi}{2}\right) \cup \left(0, \frac{\pi}{2}\right) \tag{3.6}$$

当 $\alpha = \pi/2$ 时,地平线的直线方程为 $y = y_0 - x_0 + n_r$;当 $\alpha = 0$ 时,地平线的直线方程为 $x = x_0 - x_{r0} + n_r$;当 $\alpha = \pi$ 时,地平线的直线方程为 $x = x_0 + x_{r0} - n_r$。

2)算法实现

在实际的算法实现过程中,为了减少计算量,提高算法效率,我们将 180° 均分为 32 份,图像旋转角度的步长为 5° 左右,图 3.16 是图像旋转 30° 时得到的每一列像素灰度和的变化曲线图。

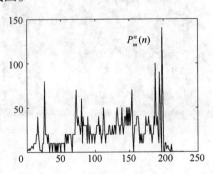

图 3.16   旋转 30°图像列灰度和

3.3.3.3   实验结果

1)半实物仿真系统

该仿真系统主要是模拟无人飞行器视觉导航系统的动态特性以及验证各种图像处理算法的可行性,并且根据图像处理算法解算出导航参数。该系统首先利用

投影仪模拟真实的地平线场景,然后利用计算机通过控制接口控制直线运动机构带动云台及摄像头运动,模拟无人飞行器的空中直线飞行姿态;计算机同时控制云台转动,模拟无人飞行器的飞行姿态角的变化;同时通过视频采集卡将采集的图像信息传送到计算机中,利用图像处理算法进行导航数据的解算。该系统整体组成如图 3.17 所示。

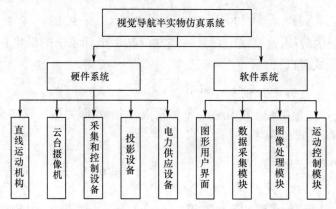

图 3.17　系统整体组成

本文所设计的无人飞行器视觉导航半实物仿真系统主要由直线运动机构、云台摄像机、采集和控制设备、投影设备和电力供应设备等组成,如图 3.18 所示。

图 3.18　仿真系统硬件组成

2)实验结果

本文中仿真实验是基于 MATLAB 平台,将一段航拍图像序列的其中几帧图像作为实验处理对象,大小为 140×180,图 3.19 为处理结果。

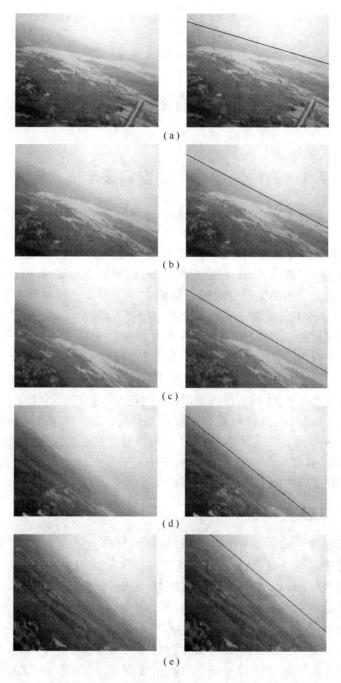

(a)

(b)

(c)

(d)

(e)

图 3.19　仿真结果图(左为原图,右侧图像中的黑线为算法检测到的地平线)

第4章　三维在线路径规划技术

4.1　在线路径规划及空间表示方法概述

4.1.1　在线路径规划方法

通过对最近几年的国内外研究成果调研发现,对在线路径规划方法的研究较少,现有研究中,仅解决了离线规划时序问题,因而研究在线协同航迹规划时序问题具有重要意义。相关文献针对静止目标实现了在线实时路径搜索算法——如RTRS。这种方法生成的轨迹不是最优的,但可以满足在线实时性的要求,并保证最终达到目标位置。多步搜索实时规划算法(RTRMS)在一个较大的范围内搜索,再一次搜索中利用了更多的环境信息,生成的路径更加优化。

针对运动目标的在线实时路径搜索算法(MTRS)不要求一次生成轨迹,每次只进行一次节点扩展,生成一段轨迹,只需要较少的有限次迭代即可使无人系统达到目标位置,但此时启发性误差和启发性差异并未达到最小值。多步搜索算法(MTRMS)在一个较大的范围内搜索,生成的轨迹也就更加优化。以上算法有其独特的优势,但是其收敛条件都比较苛刻,有的还需要对代价函数进行约束,这些都限制了算法在实际中的应用,因此还有很大的改进空间。

4.1.2　规划空间表示方法

规划需要首先构造一个搜索空间,路径规划就是要在搜索空间中找到一条满足约束且使目标泛函最大(小)的路径评价函数。当这个函数的自变量只包含三维空间坐标(x,y,z)时,搜索空间就等价于一个三维空间。当评价函数自变量为空间坐标和姿态角时,搜索空间就是一个由若干五元组$(x,y,z,\theta,\psi c)$构成的集合。通过对路径的表示,空间坐标与姿态角的组合被映射成搜索空间中的一个组合点,这样就把复杂的运动规划问题转化成搜索空间中一个"点"的运动规划问题。在任意时刻,都有唯一的位置和速度方向。这个唯一的位置和速度方向组合就称"Configuration"。目前,常用的规划空间表示方法有:单元格法、路标法和势场法。

1）单元格法（Cell Decomposition Methods）

该方法首先将空间分解成为一些简单的单元，并判断这些单元之间是否是连通的（存在可行路径）。为寻找从起始点到目标点之间的路径，首先找到包含起始点和目标点的单元，然后寻找一系列连通的单元将起始单元和目标单元连接起来。就划分形式而言又可分为：网格法和四叉树法。按单元格划分粒度的不同又可分为：近似划分、精确划分和自适应划分。

2）路标法（Roadmap Methods）

在路标法中，首先根据一定规则将空间表示成一个由一维的线段构成的网络图，然后采用某一搜索算法在该网络图上进行搜索。这样，路径规划问题被转化为一个网络图的搜索问题。路标图必须表示出所有可能的路径，否则该方法就是不完全的，即可能丢失最优解。路标法比单元格法要搜索的数据少得多，但是更新较困难，而且路标不好设定。常用的路标法有：通视图法、随机路标法、Voronoi 图法、快速生成随机树。

3）势场法（Potential Fields）

势场法不利用图形的形式表示规划空间，而是将物体的运动看成是吸引力和排斥力作用的结果。吸引力将运动物体拉向目标点，排斥力使运动物体远离障碍物和威胁源。该方法的一个显著优点就是规划速度快，但它可能找不到路径。常用的势场法有：导航函数法、深度优先势场法、最佳优先势场法、波传播法。

4.2　Dubins 路径

Dubins 路径是已知起始点和终点速度向量，满足最小转弯半径的两点间的最短路径。本节对 Dubins 路径的基本概念、微分几何法计算 Dubins 路径长度进行了研究并对无人飞行器为例在平面内两点间 Dubins 路径进行了计算仿真。

4.2.1　基本知识

1）轨迹点和完备轨迹点

无人系统的运动空间为三维空间，将其空间中的任一点称为轨迹点 $P(x,y,z)$，显然，要想完整地描述在某一点的状态，除了用轨迹点 P 表示外，还应该包含其在该点的速度 v 这样的轨迹点称为完备轨迹点，用 $P(x,y,z,v)$ 表示。

2）最小转弯圆

如图 4.1 所示，平面内某个轨迹点 P 的最小转弯圆是指：在平面内过轨迹点 P 做一条与轨迹点航向垂直的直线，显然该直线上存在两个点 O_s、O_n，分别以 O_s、O_n 为圆心，以 R_{min} 为半径画圆，则航迹点 P 必在这两个圆的交点上，并且轨迹点 P 的

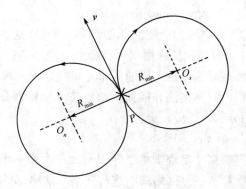

图 4.1　航迹点 P 的顺时针最小转弯圆和逆时针最小转弯圆

速度方向和这两个圆都相切,那么这两个圆就是轨迹点 P 的最小转弯圆。如果设其中任一个圆的绕行方向为顺时针,则另一个圆的绕行方向为逆时针,那么这两个圆分别称为轨迹点 P 的顺时针最小转弯半径圆和逆时针最小转弯半径圆。

4.2.2　Dubins 路径的基本概念

在平面上给定带有方向的两点,在速度恒定及限定曲率的情况下能够确定和计算出自初始位姿到达终止位姿的最短路径,这个问题的解算是 Dubins 在 1957 年给出的,Dubins 采用几何方法对最短路径问题进行了验证。

Dubins 路径是一个复合路径,可以由两个圆弧及其公切线组成,表示成 Circle – Line – Circle 形式(简称 CLC);或者由三个相切的圆弧组成,表示成 Circle – Circl – Circle 形式(简称 CCC)形式;或者由上述两种形式的特殊情况组成,如一个圆弧加一个相切的直线,表示成 CL 或者 LC 形式;或者是两个相切的圆弧,表示成 CC 形式。上述部分形式路径如图 4.2 所示。其中"C"表示圆弧段,"L"表示直线段。计算二维 Dubins 路径长度有两种方法,一是欧式几何法,二是微分几何法。在本节

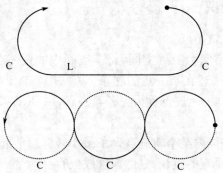

图 4.2　CLC 形式路径和 CCC 形式路径

的研究中采用微分几何法。

4.2.3　微分几何法计算 Dubins 路径长度

微分几何法计算 Dubins 路径的基本思想是用曲率确定二维路径,问题可以用输入量和输出量描述。

(1) 输入量:①初始点 $P_s(x_s, y_s)$、初始速度向量 $\boldsymbol{v}_s$;②终点 $P_f(x_f, y_f)$、终点速度向量 $\boldsymbol{v}_f$;③初始转弯圆曲率 k_s;④结束转弯圆曲率 k_f。

(2) 输出量:从 P_s 到 P_f 点满足限制条件的最短路径。

在二维平面内,如图 4.3 所示,初始点 P_s 和终点 P_f 的速度矢量 $\boldsymbol{v}_s$ 和 $\boldsymbol{v}_f$ 是同面的,因此初始点和终点的转弯圆以及转弯圆的内外公切线都在同一平面上。初始状态的单位切向量 $\boldsymbol{t}_s$ 和单位法向量 $\boldsymbol{n}_s$ 组成初始点的二维 Frenet 标架,结束状态的单位切向量 $\boldsymbol{t}_f$ 和单位法向量 $\boldsymbol{n}_f$ 组成终点的二维 Frenet 标架,坐标方向如图 4.3 所示,初始法向量 $\boldsymbol{r}_s$ 为

$$\boldsymbol{r}_s = \begin{bmatrix} \boldsymbol{t}_s & \boldsymbol{n}_s \end{bmatrix} \begin{pmatrix} 0 \\ \dfrac{1}{k_s} \end{pmatrix} \tag{4.1}$$

式中 k_s 为初始圆曲率。记结束点法向量 $\boldsymbol{r}_f$ 为

$$\boldsymbol{r}_f = \begin{bmatrix} \boldsymbol{t}_f & \boldsymbol{n}_f \end{bmatrix} \begin{pmatrix} 0 \\ -\dfrac{1}{k_f} \end{pmatrix} \tag{4.2}$$

式中 k_f 为结束圆曲率。设由初始单位切向量 $\boldsymbol{t}_s$ 到终点单位切向量 $\boldsymbol{t}_f$ 旋转的角度为 θ,将 $\boldsymbol{t}_s$ 平移到结束状态处,则有

$$\boldsymbol{t}_f = \boldsymbol{R}(\theta) \boldsymbol{t}_s \tag{4.3}$$

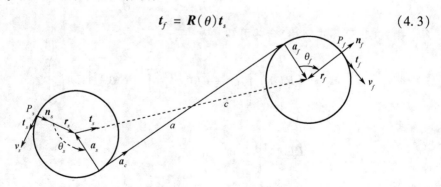

图 4.3　微分法计算 Dubins 路径示意图

这里 $\boldsymbol{R}(\theta)$ 是正交矩阵。根据向量点乘计算得出

$$\cos(\theta) = \boldsymbol{t}_f^{\mathrm{T}} \boldsymbol{t}_s \tag{4.4}$$

式中 $\boldsymbol{t}_f^{\mathrm{T}}$ 是 $\boldsymbol{t}_f$ 的转置矩阵。

标出一系列连接向量 $\boldsymbol{a}_s$、$\boldsymbol{a}_f$、$\boldsymbol{a}_c$、$\boldsymbol{t}_c$,其中 $\boldsymbol{t}_c$ 是连接两个圆心直线的单位向量,c 是两圆心间距离,$\boldsymbol{a}_c$ 是初始圆和结束圆的公切线向量,a 是公切线长度。很显然

$$\boldsymbol{a}_c = \boldsymbol{R}(\theta_s) \boldsymbol{t}_s \tag{4.5}$$

θ_s 角为初始切线向量到达直线运动状态所旋转的角度,在本方法中均设逆时针旋转角度为正方向。根据三角形法则可知

$$\begin{cases} \boldsymbol{l} = -\boldsymbol{a}_s + \boldsymbol{a}_c \\ \boldsymbol{l} + \boldsymbol{a}_f = c\boldsymbol{t}_c \end{cases} \tag{4.6}$$

整理可得

$$c\boldsymbol{t}_c = -\boldsymbol{a}_s + \boldsymbol{a}_c + \boldsymbol{a}_f \tag{4.7}$$

式(4.7)右侧的向量可以用初始向量表示出

$$\begin{cases} \boldsymbol{a}_s = \boldsymbol{R}(-\theta_s) \begin{pmatrix} 0 \\ \dfrac{1}{k_s} \end{pmatrix} = \boldsymbol{R}(\theta_s)^{\mathrm{T}} \begin{pmatrix} 0 \\ \dfrac{1}{k_s} \end{pmatrix} \\[6mm] \boldsymbol{a}_f = \boldsymbol{R}(-\theta_s) \begin{pmatrix} 0 \\ -\dfrac{1}{k_f} \end{pmatrix} = \boldsymbol{R}(\theta_s)^{\mathrm{T}} \begin{pmatrix} 0 \\ -\dfrac{1}{k_f} \end{pmatrix} \\[6mm] \boldsymbol{a}_c = \boldsymbol{R}(-\theta_s) \begin{pmatrix} a \\ 0 \end{pmatrix} = \boldsymbol{R}(\theta_s)^{\mathrm{T}} \begin{pmatrix} a \\ 0 \end{pmatrix} \end{cases} \tag{4.8}$$

由式(4.7)和式(4.8)合并可知

$$c\boldsymbol{t}_c = -\boldsymbol{R}(\theta_s)^{\mathrm{T}} \begin{pmatrix} 0 \\ \dfrac{1}{k_s} \end{pmatrix} + \boldsymbol{R}(\theta_s)^{\mathrm{T}} \begin{pmatrix} a \\ 0 \end{pmatrix} + \boldsymbol{R}(\theta_s)^{\mathrm{T}} \begin{pmatrix} 0 \\ -\dfrac{1}{k_f} \end{pmatrix}$$

$$= \boldsymbol{R}(\theta_s)^{\mathrm{T}} \begin{pmatrix} a \\ -\dfrac{1}{k_f} - \dfrac{1}{k_s} \end{pmatrix} \tag{4.9}$$

因为 $\boldsymbol{t}_c$ 是单位向量,$\boldsymbol{R}(\theta_s)$ 是正交矩阵,将 $\boldsymbol{R}(\theta_s)$ 表示为

$$R(\theta_s) = \begin{pmatrix} \cos(\theta_s) & -\sin(\theta_s) \\ \sin(\theta_s) & \cos(\theta_s) \end{pmatrix} \tag{4.10}$$

所以有

$$\left| \frac{1}{c}\begin{pmatrix} a \\ -\dfrac{1}{k_f} - \dfrac{1}{k_s} \end{pmatrix} \right| = 1 \tag{4.11}$$

$$a = \sqrt{c^2 - \left(\frac{1}{k_f} + \frac{1}{k_s}\right)^2} \tag{4.12}$$

下面要计算出旋转角 θ_s

$$t_c = \begin{pmatrix} t_{c1} \\ t_{c2} \end{pmatrix} = R(\theta_s)^{\mathrm{T}} \begin{pmatrix} \dfrac{\sqrt{c^2 - \left(\dfrac{1}{k_f} + \dfrac{1}{k_s}\right)^2}}{c} \\[4mm] \dfrac{\left(-\dfrac{1}{k_f} - \dfrac{1}{k_s}\right)}{c} \end{pmatrix} \tag{4.13}$$

所以有

$$\sin\theta_s = \left(\frac{\left(-\dfrac{1}{k_f} - \dfrac{1}{k_s}\right)}{c} \quad -\frac{\sqrt{c^2 - \left(\dfrac{1}{k_f} + \dfrac{1}{k_s}\right)^2}}{c} \right) \begin{pmatrix} t_{c1} \\ t_{c2} \end{pmatrix} \tag{4.14}$$

$$\cos\theta_s = \left(\frac{\left(-\dfrac{1}{k_f} - \dfrac{1}{k_s}\right)}{c} \quad \frac{\sqrt{c^2 - \left(\dfrac{1}{k_f} + \dfrac{1}{k_s}\right)^2}}{c} \right) \begin{pmatrix} t_{c2} \\ t_{c1} \end{pmatrix} \tag{4.15}$$

又 $\qquad\qquad \theta_s = \tan^{-1}(\sin(\theta_s), \cos(\theta_s)) \tag{4.16}$

由式(4.14)、式(4.15)和式(4.16)可计算出 θ_s，将 θ_s 简化表示为相关已知量的函数，即为

$$\theta_s = F(k_s, k_f, c) \tag{4.17}$$

θ_f 可由下式计算得出

$$\theta_f = \theta - \theta_s \tag{4.18}$$

则构造的 CLC 模式的 Dubins 路径可以表达为

$$L = L_{\mathrm{art,start}} + L_{\mathrm{tan,gent}} + L_{\mathrm{art,finish}} \tag{4.19}$$

$$L = \frac{\theta_s}{k_s} + a + \frac{\theta_f}{k_f} \tag{4.20}$$

至此,运用几何微分法计算出了已经初始点和终点的位置和速度向量,在满足最大曲率限制条件下的一条 Dubins 路径。但这条路径未必是最短的 Dubins 路径。

4.2.4　两点间 Dubins 路径生成

设平面上运动载体的初始向量为 v_s,终点向量为 v_f,初始点 P_s,终点 P_f,最小转弯半径为 R。由上述微分几何方法计算从初始点 P_s 到终点 P_f Dubins 路径的步骤为:

(1) 由 v_s、P_s 和 R 确定初始转弯圆 C_s 的位置和大小,由 v_f、P_f 和 R 确定终点转弯圆 C_f 的位置和大小,这样,在初始点和结束点可以分别得到顺时针和逆时针的两个初始转弯圆 C_{s1}、C_{s2} 和两个终点转弯圆 C_{f1}、C_{f2},如图 4.4 所示。

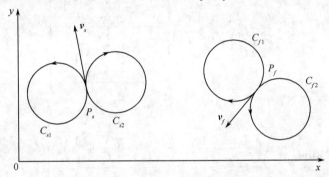

图 4.4　初始、终点转弯圆(顺时针和逆时针)

(2) 将初始转弯圆和终点转弯图组合成 Dubins 路径的一部分,共有四种组合方法,即 (C_{s1},C_{f1})、(C_{s1},C_{f2})、(C_{s2},C_{f1})、(C_{s2},C_{f2}),根据每组初始转弯圆、终点转弯圆的圆心距与半径和、半径差的关系,求得该组初始圆和终点圆的内切线和外切线数量以及相应的切点。

(3) 以 (C_{s2},C_{f1}) 组合为例,如图 4.5 所示,初始圆 C_{s2} 和终点圆 C_{f1} 共有 2 条外切线 l_{o1}、l_{o2} 和 2 条内切线 l_{i1}、l_{i2}。在求得的四条切线中,根据 v_s 和 v_f 的方向选择最佳公切线作为直线飞行路径,选择的标准是:①该公切线和 v_s 相对于初始圆 C_{s2} 同时针方向旋转 (即同为顺时针或同逆时针);②该公切线和 v_f 相对于终点圆 C_{f1} 同时针方向旋转 (即同为顺时针或同逆时针)。很明显,在 (C_{s2},C_{f1}) 组合中,外切线 l_{o1} 为满足上述要求的公切线。

(4) 计算在初始转弯圆 C_{s2} 和终点转弯圆 C_{f1} 上飞行路径的圆弧长度和符合要求的公切线 l_{o1} 的长度,两者之和即为沿初始转弯圆 C_{s2} 和终点转弯圆 C_{f1} 飞行的 Dubins 路径长度。

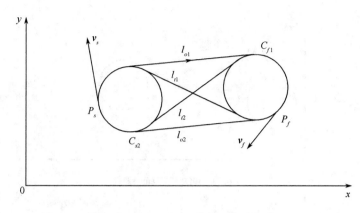

图 4.5 (C_{s2}, C_{f1}) 组合中四条公切线

（5）由四组初始转弯圆和终点转弯圆可以得到 4 条 Dubins 路径，选取这 4 个 Dubins 路径长度中的最小值即为满足要求的最短 Dubins 路径。如图 4.6 所示，分别为 (C_{s1}, C_{f1})、(C_{s1}, C_{f2})、(C_{s2}, C_{f1})、(C_{s2}, C_{f2}) 四组初始转弯圆和终点转弯圆所形成的 Dubins 路径。

4.2.5 仿真分析

本节以无人飞行器为例进行仿真验证。设无人飞行器相关飞行参数如表 4.1 所列。通过 MATLAB 平台计算仿真，得到 4 条 Dubins 路径 A、B、C、D，如图 4.7 所示。

表 4.1 无人飞行器相关飞行参数

参数	取值	单位
起始位置坐标	(0,1000,200)	m
终点位置坐标	(3000, −1000,200)	m
起始点速度矢量	(0,30)	
终点速度矢量	(−18, −24)	
飞行速度	30	m/s
飞行高度	500 − 50	m
最大飞行时间	30	min
最小转弯半径	100	m
障碍位置	(1850,50)	m
障碍圆半径	200	m

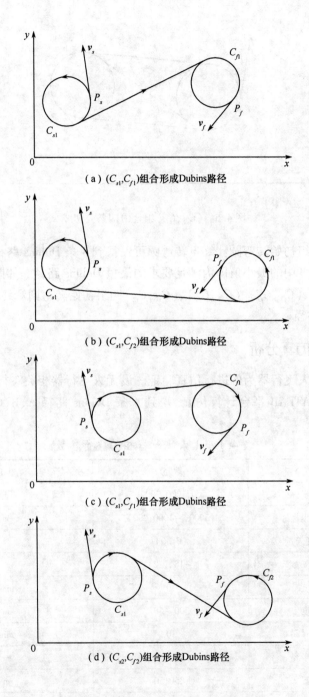

（a）(C_{s1}, C_{f1})组合形成Dubins路径

（b）(C_{s1}, C_{f2})组合形成Dubins路径

（c）(C_{s1}, C_{f1})组合形成Dubins路径

（d）(C_{s2}, C_{f2})组合形成Dubins路径

图 4.6　四组初始转弯圆和终点转弯圆所形成的 Dubins 路径

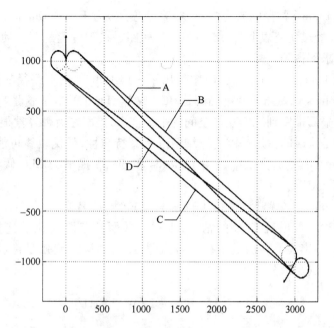

图 4.7 无人飞行器飞行仿真得出的 4 条 Dubins 路径(A~D)

上述 4 条 Dubins 路径的长度如表 4.2 所列,无人飞行器沿长度最短的路径 B 飞行。

表 4.2 4 条 Dubins 路径长度

Dubins 路径	长 度	单 位
路径 A	4313.2	m
路径 B	3801.4	m
路径 C	4667.1	m
路径 D	4173.5	m

4.3 三维路径生成方法

在三维路径生成方法研究,本节以无人飞行器为例进行分析。首先分析了无人飞行器战场介入阶段的特点,继而对三维 Dubins 路径最优解的存在性进行了讨论。在对螺线模型三维 Dubins 航迹生成方法研究的基础上,提出了二平面模型三维 Dubins 航迹生成方法,并对上述两种方法进行了对比分析。

4.3.1 三维 Dubins 路径最优解分析

在二维环境中 Dubins 路径是两点间满足最小转弯半径的最短距离路径,在立

67

体空间三维 Dubins 路径的研究中,众多学者仍然致力于找到 Dubins 形式的最短距离路径,然而经过研究表明,三维 Dubins 最短路径在理论上是存在的,但在实际解算中却很难求解得到。

Reeds 和 Shepp 在其所著文献中提出了三维 Dubins 最短路径的假设,该假设认为三维 Dubins 最短路径问题的解是 CCC 或者 CLC 的形式。这是将 Dubins 路径问题从二维平面推广到三维立体空间的平行推广,提出之后曾经被很多人相信,但后来被证明是错误的。这是因为三维情形有其特殊性,最优轨线可能是一段螺旋弧。Sussman 在其所著文献中证明了 Reeds 和 Shepp 提出的 CLC 假设是错误的,并给出了如下定理:

三维 Dubins 最短路径问题的解为一段螺旋线,或者是 L,C,CC,LC,CL,CCC,CLC 中的一种。若出现 CCC 的情况,则它是共面的三段圆弧的连接体;若出现 CLC 的情况,则出现不共面的情况。若为螺旋线,则该螺旋弧是指以弧长为参数的光滑曲线且满足微分方程

$$\ddot{\tau} = \frac{3\,\dot{\tau}^2}{2\tau} - 2\tau^3 + 2\tau - \zeta\tau \mid \tau \mid^{\frac{1}{2}} \tag{4.21}$$

式中 ζ 为非负常数。

式(4.21)是一个关于曲线挠率的二阶微分方程,很难求解,即使计算出挠率的解析式,想还原出曲线方程也是不太可能的,由此推断三维 Dubins 最短路径基本无解。本节研究的立体空间中三维 Dubins 路径只研究可达解而并不考虑最优解,也就是说本节生成的三维 Dubins 航迹只是可达航迹而非最短航迹。

4.3.2　螺线模型三维 Dubins 路径生成方法

螺线模型三维 Dubins 航迹生成方法是目前国外在立体空间航迹规划问题研究中的主要方法,本节简要介绍了立体空间中螺线模型三维 Dubins 航迹生成方法。

为了更好地研究三维 Dubins 螺线模型,本节首先研究平面 Dubins 螺线模型,如图 4.8 所示,路径上某一点 P 的欧式坐标为 (p_x, p_y),该点速度矢量为 $\boldsymbol{P}_v$,旋转角度为 ψ,旋转角速度为 ω,则该路径使用微分方程表示为

$$\begin{bmatrix} \dot{p}_x \\ \dot{p}_y \\ \dot{\psi} \end{bmatrix} = \begin{bmatrix} \cos\psi \\ \sin\psi \\ \omega \end{bmatrix} \tag{4.22}$$

根据角速度 ω 的不同取值 Dubins 路径分别为顺时针圆弧、逆时针圆弧和直线

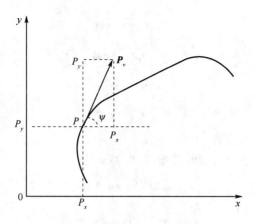

图 4.8　二维螺线模型示意图

运行,即

$$\omega \in \{-1,0,+1\}/\text{sec} \qquad (4.23)$$

式中,$\omega = 0$,对应 Dubins 路径的直线部分;$\omega = 1$,对应 Dubins 路径的顺时针圆弧部分;$\omega = -1$,对应 Dubins 路径的逆时针圆弧部分。

平面 Dubins 路径一共有 6 种形式,如表 4.3 所列。

表 4.3　平面运动元组合

圆弧 – 直线 – 圆弧	圆弧 – 圆弧 – 圆弧
逆 – 直 – 逆	逆 – 顺 – 逆
逆 – 直 – 顺	顺 – 逆 – 顺
顺 – 直 – 逆	
顺 – 直 – 顺	

平面 Dubins 微分方程表示方法不难理解,问题上升到立体空间,可以把立体运动曲线投影到平面上,如图 4.9 所示,将立体螺线投影在平面上即为圆弧。则立体 Dubins 航迹的微分方程表示为

$$\begin{bmatrix} \dot{p}_x \\ \dot{p}_y \\ \dot{p}_z \\ \dot{\psi} \end{bmatrix} = \begin{bmatrix} \cos\psi \\ \sin\psi \\ \gamma \\ \omega \end{bmatrix} \qquad (4.24)$$

将上述方程表示为

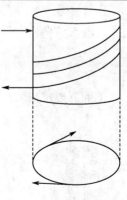

图 4.9　立体螺线投影
至平面示意图

69

$$\begin{cases} \dot{p}_x = \cos\psi \\ \dot{p}_y = \sin\psi \\ \dot{\psi} = \omega \\ \dot{p}_z = \gamma \end{cases} \tag{4.25}$$

下面来计算路径方程。

ψ 为飞行器在平面内旋转的角度,可将 ψ 表达为

$$\psi(t) = \omega t + C_0 \tag{4.26}$$

当 $t = 0$ 时,$\psi_0 = C_0$。

由 $\dot{p}_x = \cos\psi$ 可以得到

$$p_x = \frac{1}{\omega}\sin(\omega t + \psi_0) + C_1 \tag{4.27}$$

下面需要求 C_1。

$$p_{x_0} = \frac{1}{\omega}\sin\psi_0 + C_1 \tag{4.28}$$

于是

$$C_1 = p_{x_0} - \frac{1}{\omega}\sin\psi_0 = x_s - \frac{1}{\omega}\sin\psi_0 \tag{4.29}$$

则有

$$p_x = \frac{1}{\omega}\sin(\omega t + \psi_0) + x_s - \frac{1}{\omega}\sin\psi_0 \tag{4.30}$$

由 $\dot{p}_y = \sin\psi$ 可以得到

$$p_y = -\frac{1}{\omega}\cos(\omega t + \psi_0) + C_2 \tag{4.31}$$

下面需要求出 C_2。

$$p_{y_0} = -\frac{1}{\omega}\cos\psi_0 + C_2 \tag{4.32}$$

于是

$$C_2 = p_{y_0} + \frac{1}{\omega}\cos\psi_0 = y_s + \frac{1}{\omega}\cos\psi_0 \tag{4.33}$$

则有

$$p_y = -\frac{1}{\omega}\cos(\omega t + \psi_0) + y_s + \frac{1}{\omega}\cos\psi_0 \qquad (4.34)$$

由 $\dot{p}_z = \gamma$ 可以得到

$$p_z = \gamma t + p_{z_0} \qquad (4.35)$$

至此,可以得出螺线模型路径表达式为

$$\begin{cases} p_x = \dfrac{1}{\omega}\sin(\omega t + \psi_0) + x_s - \dfrac{1}{\omega}\sin\psi_0 \\[2mm] p_y = -\dfrac{1}{\omega}\cos(\omega t + \psi_0) + y_s + \dfrac{1}{\omega}\cos\psi_0 \\[2mm] p_z = \gamma t + p_{z_0} \end{cases} \qquad (4.36)$$

该微分方程标示了飞行器从起始点 $\boldsymbol{P}_s = (x_s, y_s, z_s)$ 以起始方向 ψ_s 飞行到达终点 $\boldsymbol{P}_f = (x_f, y_f, z_f)$ 且终点方向为 ψ_f 的飞行路径都可以用三种最基本的路径组合来形成。以下有 18 种三种运动元组成的组合,如表 4.4、表 4.5、表 4.6 所列。

表 4.4　飞行器爬升运动元组合

圆弧 - 直线 - 圆弧(爬升)	圆弧 - 圆弧 - 圆弧(爬升)
左 - 直 - 左(爬升)	左 - 右 - 左(爬升)
左 - 直 - 右(爬升)	右 - 左 - 右(爬升)
右 - 直 - 左(爬升)	
右 - 直 - 右(爬升)	

表 4.5　飞行器水平运动元组合

圆弧 - 直线 - 圆弧(水平)	圆弧 - 圆弧 - 圆弧(水平)
左 - 直 - 左(水平)	左 - 右 - 左(水平)
左 - 直 - 右(水平)	右 - 左 - 右(水平)
右 - 直 - 左(水平)	
右 - 直 - 右(水平)	

表 4.6　飞行器下降运动元组合

圆弧 - 直线 - 圆弧(下降)	圆弧 - 圆弧 - 圆弧(下降)
左 - 直 - 左(下降)	左 - 右 - 左(下降)
左 - 直 - 右(下降)	右 - 左 - 右(下降)
右 - 直 - 左(下降)	
右 - 直 - 右(下降)	

图 4.10 即为立体空间中左 – 直 – 左（爬升）模型示意图。飞行器从起始点开始进行螺线爬升，当飞行至两圆柱外切平面与初始爬升螺线的某个交点时，飞行器结束螺线爬升运动，在两圆柱外切平面内开始直线爬升阶段，当以直线爬升形式飞行到外切平面与结束点爬升螺线交点时，直线爬升状态结束，飞行器开始进入结束点螺线爬升，直到飞行结束。

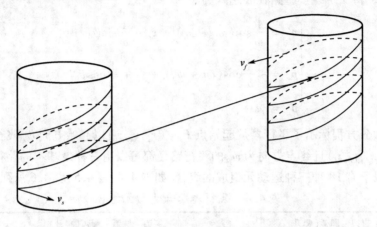

图 4.10　左 – 直 – 左（爬升）模型示意图

以上研究了螺线模型三维 Dubins 航迹生成方法，螺线模型建立的思想本源即为 Dubins 曲线基本要素为直线或圆弧，螺线在平面上的投影为圆。该模型采用微分方程表示方法，简明易懂。但在采用该方法进行计算仿真时，发现该方法的计算效率很低，算法缺乏实时性，在实际工程问题中缺乏应用价值。

4.3.3　二平面模型三维 Dubins 路径生成

在立体空间中，无人飞行器飞行的初始向量和结束向量不在同一平面内，本节提出一种基于二平面模型的三维 Dubins 航迹生成方法，该模型的建立将无人飞行器飞行的三维航迹问题转化为两个二维平面上的航迹问题，通过降低空间的维度，从而达到了简化问题复杂度的目的。

在二维平面中，起始点切线向量、法向量以及终点的切线向量、法向量共面，而在立体空间中，起始点切线向量、法向量以及终点的切线向量、法向量是不共面的，因此，在立体环境中生成 Dubins 路径比在平面环境中生成 Dubins 路径要复杂地多。本节采用三维 Frenet 标架即切线向量、法向量和次法向量来定义、研究立体空间 Dubins 路径。

飞行器在立体空间中飞行，如图 4.11 所示，初始点记为 P_i，终点记为 P_f，初始向量记为 v_i，终点向量记为 v_f，显然 v_i 和 v_f 是不共面的。连接初始点 P_i 和目标点

P_f 形成两点间连线,记为 L。

如图 4.11 所示,由初始向量 v_i 和两点间连线 L 可以确定一个平面 π_i,由结束向量 v_f 和两点间连线 L 可以确定另一个平面 π_f。在 L 上取一点,记为中间点 P_s,标注中间向量 v_s(方向为从 P_s 指向 P_f)。

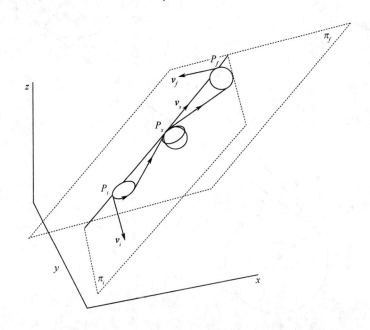

图 4.11　立体空间两点间 Dubins 路径示意图

要想计算从初始点 P_i 到目标点 P_f 的路径长度,首先来计算 π_i 平面中的路径长度。这时,令 P_i、v_i 为初始条件,P_s、v_s 为终止条件,由 v_i 和 v_s 共面可将求 P_i 到 P_s 的路径长度问题转化为平面中求解 Dubins 问题,从而求解可得 π_i 平面中 Dubins 路径长度。

同理计算 π_f 平面中 Dubins 路径长度。这时,令 P_s、v_s 为初始条件,P_f、v_f 为终止条件,由 v_s 和 v_f 共面可将求 P_s 到 P_f 的路径长度问题转化为平面中求解 Dubins 问题,从而求解可得 π_f 平面中 Dubins 路径长度。

下面以计算 π_f 平面中 Dubins 路径长度为例,介绍二平面模型立体空间中生成 Dubins 路径方法。

如图 4.12 所示,初始状态的单位切向量 t_{ms}、单位法向量 n_{ms}、单位次法向量 b_{ms} 组成初始点的三维 Frenet 标架,结束状态的单位切向量 t_{mf}、单位法向量 n_{mf}、单位次法向量 b_{mf} 组成终点的三维 Frenet 标架。

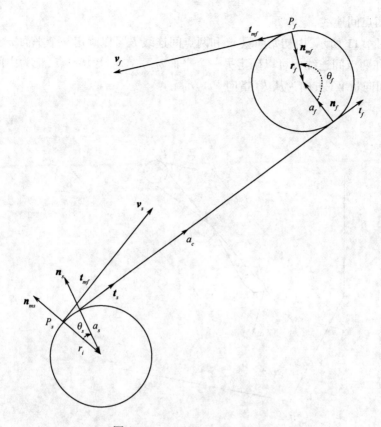

图 4.12 π_f 平面 Dubins 路径图

记初始法向量 $\boldsymbol{r}_s$ 为

$$\boldsymbol{r}_s = (\boldsymbol{t}_{ms} \quad \boldsymbol{n}_{ms} \quad \boldsymbol{b}_{ms}) \begin{pmatrix} 0 \\ -\dfrac{1}{k_s} \\ 0 \end{pmatrix} \tag{4.37}$$

式中 k_s 为初始状态曲率。记结束法向量 $\boldsymbol{r}_f$ 为

$$\boldsymbol{r}_f = (\boldsymbol{t}_{mf} \quad \boldsymbol{n}_{mf} \quad \boldsymbol{b}_{mf}) \begin{pmatrix} 0 \\ \dfrac{1}{k_f} \\ 0 \end{pmatrix} \tag{4.38}$$

式中 k_f 为结束状态曲率。

74

设由 $\boldsymbol{t}_{ms}$ 到 $\boldsymbol{t}_s$ 旋转的角度为 θ_s,则有

$$(\begin{matrix} \boldsymbol{t}_{ms} & \boldsymbol{n}_{ms} & \boldsymbol{b}_{ms} \end{matrix}) = (\begin{matrix} \boldsymbol{t}_s & \boldsymbol{n}_s & \boldsymbol{b}_s \end{matrix})\boldsymbol{R}(\theta_s) \tag{4.39}$$

式中 $\boldsymbol{R}(\theta_s)$ 为三维单位正交矩阵

$$\boldsymbol{R}(\theta_s) = \begin{pmatrix} \cos(\theta_s) & -\sin(\theta_s) & 0 \\ \sin(\theta_s) & \cos(\theta_s) & 0 \\ 0 & 0 & 1 \end{pmatrix} \tag{4.40}$$

设由 $\boldsymbol{t}_f$ 到 $\boldsymbol{t}_{mf}$ 旋转的角度为 θ_f,则有

$$(\begin{matrix} \boldsymbol{t}_{mf} & \boldsymbol{n}_{mf} & \boldsymbol{b}_{mf} \end{matrix}) = (\begin{matrix} \boldsymbol{t}_f & \boldsymbol{n}_f & \boldsymbol{b}_f \end{matrix})\boldsymbol{R}(\theta_f) \tag{4.41}$$

式中 $\boldsymbol{R}(\theta_f)$ 为三维单位正交矩阵

$$\boldsymbol{R}(\theta_f) = \begin{pmatrix} \cos(\theta_f) & -\sin(\theta_f) & 0 \\ \sin(\theta_f) & \cos(\theta_f) & 0 \\ 0 & 0 & 1 \end{pmatrix} \tag{4.42}$$

设由 $\boldsymbol{t}_{ms}$ 到 $\boldsymbol{t}_{mf}$ 旋转的角度为 θ,将则有 $\boldsymbol{t}_{ms}$ 平移到结束状态处,则有

$$\boldsymbol{t}_{mf} = \boldsymbol{R}(\theta)\boldsymbol{t}_{ms} \tag{4.43}$$

式中 $\boldsymbol{R}(\theta)$ 是正交矩阵

$$\boldsymbol{R}(\theta) = \begin{pmatrix} \cos\theta & -\sin\theta & 0 \\ \sin\theta & \cos\theta & 0 \\ 0 & 0 & 1 \end{pmatrix} \tag{4.44}$$

根据向量点乘计算得出

$$\cos(\theta) = \boldsymbol{t}_{mf}^{\mathrm{T}}\boldsymbol{t}_{ms} \tag{4.45}$$

也即

$$(\begin{matrix} \boldsymbol{t}_{mf} & \boldsymbol{n}_{mf} & \boldsymbol{b}_{mf} \end{matrix}) = (\begin{matrix} \boldsymbol{t}_{ms} & \boldsymbol{n}_{ms} & \boldsymbol{b}_{ms} \end{matrix})\boldsymbol{R}(\theta) \tag{4.46}$$

由于 $\theta = \theta_s + \theta_f$,下面先计算 θ_s。

标出一系列连接向量 $\boldsymbol{a}_s$、$\boldsymbol{a}_f$、$\boldsymbol{a}_c$,其中 $\boldsymbol{a}_c$ 是初始圆和结束圆的公切线单位向量,a 是公切线长度。

设 $\boldsymbol{\alpha}_s$ 为 $\boldsymbol{a}_c$ 在标架 $(\begin{matrix} \boldsymbol{t}_{ms} & \boldsymbol{n}_{ms} & \boldsymbol{b}_{ms} \end{matrix})$ 下的系数,则 $\boldsymbol{a}_c$ 可以表示为

$$\boldsymbol{a}_c = a(\begin{matrix} \boldsymbol{t}_{ms} & \boldsymbol{n}_{ms} & \boldsymbol{b}_{ms} \end{matrix})\boldsymbol{\alpha}_s \tag{4.47}$$

其中

$$\boldsymbol{\alpha}_s = \begin{pmatrix} \alpha_{ts} \\ \alpha_{ns} \\ \alpha_{bs} \end{pmatrix} \tag{4.48}$$

同样,设 $\boldsymbol{\alpha}_f$ 为 $\boldsymbol{a}_c$ 在标架$(\boldsymbol{t}_{mf} \quad \boldsymbol{n}_{mf} \quad \boldsymbol{b}_{mf})$下的系数,则 $\boldsymbol{a}_c$ 可以表示为

$$\boldsymbol{a}_c = a(\boldsymbol{t}_{mf} \quad \boldsymbol{n}_{mf} \quad \boldsymbol{b}_{mf})\boldsymbol{\alpha}_f \tag{4.49}$$

其中

$$\boldsymbol{\alpha}_f = \begin{pmatrix} \alpha_{tf} \\ \alpha_{nf} \\ \alpha_{bf} \end{pmatrix} \tag{4.50}$$

则有

$$(\boldsymbol{t}_{ms} \quad \boldsymbol{n}_{ms} \quad \boldsymbol{b}_{ms})\boldsymbol{\alpha}_s = (\boldsymbol{t}_{mf} \quad \boldsymbol{n}_{mf} \quad \boldsymbol{b}_{mf})\boldsymbol{\alpha}_f \tag{4.51}$$

又因

$$(\boldsymbol{t}_{mf} \quad \boldsymbol{n}_{mf} \quad \boldsymbol{b}_{mf}) = (\boldsymbol{t}_{ms} \quad \boldsymbol{n}_{ms} \quad \boldsymbol{b}_{ms})\boldsymbol{R}(\theta) \tag{4.52}$$

得到

$$\boldsymbol{\alpha}_s = \boldsymbol{R}(\theta)\boldsymbol{\alpha}_f \tag{4.53}$$

设 $\boldsymbol{\beta}_s$ 为 $\boldsymbol{a}_s$ 在标架$(\boldsymbol{t}_{ms} \quad \boldsymbol{n}_{ms} \quad \boldsymbol{b}_{ms})$下的系数,则 $\boldsymbol{a}_s$ 可以表示为

$$\boldsymbol{a}_s = \frac{1}{k_s}(\boldsymbol{t}_{ms} \quad \boldsymbol{n}_{ms} \quad \boldsymbol{b}_{ms})\boldsymbol{\beta}_s \tag{4.54}$$

下面来求 $\boldsymbol{\beta}_s$。

设

$$\boldsymbol{\beta}_s = \begin{pmatrix} \beta_{ts} \\ \beta_{ns} \\ \beta_{bs} \end{pmatrix} \tag{4.55}$$

由①$\beta_{bs}=0$;②$\boldsymbol{\beta}_s \perp \boldsymbol{\alpha}_s$;$\beta_{ts}\alpha_{ts}+\beta_{ns}\alpha_{ns}=0$;③$\boldsymbol{\beta}_s$ 为单位向量,故 $|\boldsymbol{\beta}_s| = \sqrt{\beta_{ts}^2 + \beta_{ns}^2} = 1$。
故可求得

$$\boldsymbol{\beta}_s = \frac{1}{\sqrt{\alpha_{ns}^2 + \alpha_{ts}^2}} \begin{pmatrix} -\alpha_{ns} \\ \alpha_{ts} \\ 0 \end{pmatrix} \tag{4.56}$$

则得到

$$a_s = \frac{1}{k_s \sqrt{\alpha_{ns}^2 + \alpha_{ts}^2}} (t_{ms} \quad n_{ms} \quad b_{ms}) \begin{pmatrix} -\alpha_{ns} \\ \alpha_{ts} \\ 0 \end{pmatrix} \tag{4.57}$$

设 $\boldsymbol{\beta}_f$ 为 $\boldsymbol{a}_f$ 在标架 $(t_{mf} \quad n_{mf} \quad b_{mf})$ 下的系数,则 $\boldsymbol{a}_f$ 可以表示为

$$a_f = \frac{1}{k_f} (t_{mf} \quad n_{mf} \quad b_{mf}) \boldsymbol{\beta}_f \tag{4.58}$$

下面来求 $\boldsymbol{\beta}_f$。
设

$$\boldsymbol{\beta}_f = \begin{pmatrix} \beta_{tf} \\ \beta_{nf} \\ \beta_{bf} \end{pmatrix} \tag{4.59}$$

由①$\beta_{bf} = 0$;②$\boldsymbol{\beta}_f \perp \boldsymbol{\alpha}_f$;$\beta_{tf}\alpha_{tf} + \beta_{nf}\alpha_{nf} = 0$;③$\boldsymbol{\beta}_f$ 为单位向量,故 $|\boldsymbol{\beta}_f| = \sqrt{\beta_{tf}^2 + \beta_{nf}^2} = 1$。
故可求得

$$\boldsymbol{\beta}_f = \frac{1}{\sqrt{\alpha_{nf}^2 + \alpha_{tf}^2}} \begin{pmatrix} -\alpha_{nf} \\ \alpha_{tf} \\ 0 \end{pmatrix} \tag{4.60}$$

则得到

$$a_f = \frac{1}{k_f \sqrt{\alpha_{nf}^2 + \alpha_{tf}^2}} (t_{mf} \quad n_{mf} \quad b_{mf}) \begin{pmatrix} -\alpha_{nf} \\ \alpha_{tf} \\ 0 \end{pmatrix} \tag{4.61}$$

设 γ 为向量 $\boldsymbol{P}_f - \boldsymbol{P}_s$ 在标架 $(t_{ms} \quad n_{ms} \quad b_{ms})$ 下的系数,则 $\boldsymbol{P}_f - \boldsymbol{P}_s$ 可以表示为

$$\boldsymbol{P}_f - \boldsymbol{P}_s = (t_{ms} \quad n_{ms} \quad b_{ms}) \gamma \tag{4.62}$$

运用一系列三角形法则,得到

$$\boldsymbol{P}_f - \boldsymbol{P}_s + \boldsymbol{r}_f - \boldsymbol{r}_s = \boldsymbol{a}_c - \boldsymbol{a}_s + \boldsymbol{a}_f \tag{4.63}$$

将上式的每一项都表示为在 $(t_{ms} \quad n_{ms} \quad b_{ms})$ 标架下,整理可得

$$\gamma + \boldsymbol{R}(\theta) \begin{pmatrix} 0 \\ \frac{1}{k_f} \\ 0 \end{pmatrix} - \begin{pmatrix} 0 \\ \frac{-1}{k_s} \\ 0 \end{pmatrix} = a\boldsymbol{\alpha}_s - \frac{1}{k_s}\boldsymbol{\beta}_s + \frac{1}{k_f}\boldsymbol{R}(\theta)\boldsymbol{\beta}_f \tag{4.64}$$

对于式(4.63)的右侧

$$\begin{cases} \boldsymbol{a}_c = \boldsymbol{t}_{ms}\boldsymbol{R}(\theta_s) \\ \boldsymbol{a}_c = a(\boldsymbol{t}_{ms} \quad \boldsymbol{n}_{ms} \quad \boldsymbol{b}_{ms})\boldsymbol{\alpha}_s \end{cases} \Rightarrow a\boldsymbol{\alpha}_s = \boldsymbol{R}(\theta) \tag{4.65}$$

$$\begin{cases} \boldsymbol{a}_s = \boldsymbol{r}_s\boldsymbol{R}(-\theta_s) \\ \\ \boldsymbol{r}_s = (\boldsymbol{t}_{ms} \quad \boldsymbol{n}_{ms} \quad \boldsymbol{b}_{ms})\begin{pmatrix} 0 \\ \dfrac{-1}{k_s} \\ 0 \end{pmatrix} \Rightarrow \dfrac{1}{k_s}\boldsymbol{\beta}_s = \begin{pmatrix} 0 \\ \dfrac{-1}{k_s} \\ 0 \end{pmatrix}\boldsymbol{R}(-\theta_s) \\ \\ \boldsymbol{a}_s = \dfrac{1}{k_s}(\boldsymbol{t}_{ms} \quad \boldsymbol{n}_{ms} \quad \boldsymbol{b}_{ms})\boldsymbol{\beta}_s \end{cases} \tag{4.66}$$

$$\begin{cases} \boldsymbol{r}_f = \boldsymbol{a}_f\boldsymbol{R}(\theta - \theta_s) \\ \\ \boldsymbol{r}_f = (\boldsymbol{t}_{mf} \quad \boldsymbol{n}_{mf} \quad \boldsymbol{b}_{mf})\begin{pmatrix} 0 \\ \dfrac{1}{k_f} \\ 0 \end{pmatrix} \Rightarrow \dfrac{1}{k_f}\boldsymbol{\beta}_f = \begin{pmatrix} 0 \\ \dfrac{1}{k_f} \\ 0 \end{pmatrix}\boldsymbol{R}^{\mathrm{T}}(\theta - \theta_s) \\ \\ \boldsymbol{a}_f = \dfrac{1}{k_f}(\boldsymbol{t}_{mf} \quad \boldsymbol{n}_{mf} \quad \boldsymbol{b}_{mf})\boldsymbol{\beta}_f \end{cases} \tag{4.67}$$

将式(4.64)~式(4.67)代入式(4.63)中,则在式(4.63)中存在两个未知数 a 和 θ_s。通过式(4.63)展开可以求出 a 和 θ_s。

综上所述,即可求得由中间点 $\boldsymbol{P}_s$ 指向 $\boldsymbol{P}_f$ 所经历的路径长度为

$$L(\boldsymbol{P}_s \to \boldsymbol{P}_f) = \frac{\theta_s}{k_s} + a + \frac{\theta_f}{k_f} \tag{4.68}$$

至此求得了 π_f 平面中 Dubins 路径的长度,运用同样的方法,可以求得 π_i 平面中 Dubins 路径的长度。

$$L(\boldsymbol{P}_i \to \boldsymbol{P}_s) = \frac{\theta_i}{k_i} + b + \frac{\theta_s}{k_s} \tag{4.69}$$

式中 b 是 π_i 平面中初始圆和结束圆的公切线长度。

那么,立体空间中 Dubins 路径长度为

$$L_{\text{zong}} = L(\boldsymbol{P}_s \to \boldsymbol{P}_f) + L(\boldsymbol{P}_i \to \boldsymbol{P}_s) \tag{4.70}$$

4.3.4 仿真分析

本节对于上述两种模型生成三维 Dubins 路径的方法分别进行了计算仿真。运用相同的仿真条件（如表4.7所列），分别得到了对应不同模型的三维 Dubins 路径，如图4.13和图4.14所示。

表4.7 飞行器相关飞行参数

参　数	取　值	单　位
出发位置坐标	(0,0,500)	m
目标位置坐标	(1000,0,50)	m
出发点速度方向	(1,1,-0.2)	m/s
出发点速度方向	(0,1,-0.2)	m/s
匀速速率	30	m/s
最小转弯半径	100	m

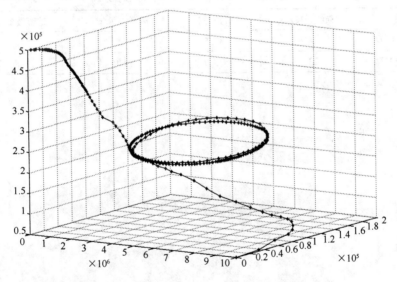

图4.13 二平面模型计算仿真得出三维 Dubins 路径

二平面模型计算仿真得出最短 Dubins 三维路径长度为2416m，螺线模型计算仿真得出最短三维路径长度为2308m（图4.14中红色路线）。表4.8为两种模型相关性能比较。通过比较可知，二平面模型运算速度快，算法实时性比螺线模型优越。

79

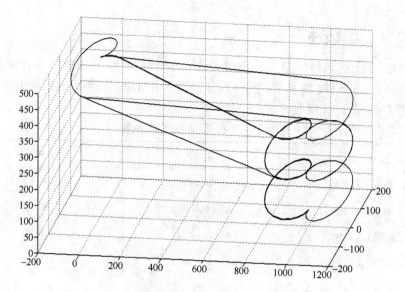

图 4.14 螺线模型计算仿真得出三维 Dubins 路径

表 4.8 两种模型相关性能比较

模型	航线长度/m	飞行时间/s	运算时间/ms	是否最短路径
二平面模型	2416	80.5	25	否
螺线模型	2308	76.9	270	否

第 5 章　图像智能信息处理技术

5.1　图像配准技术

5.1.1　图像配准技术的发展现状

图像配准的目标就是找到从一幅图像中的点映射到另一幅图像中对应点的最佳变换。在一般情况下,这种映射是复杂的,而且必须显式定义每个像素点。然而,在某种条件的约束下,这种映射可以表示为图像间的简单几何关系。由于图像成像条件不同,即使是包含了同一个物体,在图像中物体所表现出来的光学特性(如颜色值变化)、几何特性(如形状大小)及空间位置(如位置方向)都会产生很大的变化,加之在成像过程中不可避免地有噪声、干扰物体等因素的存在使得图像之间会有较大的差异。总的来说,同一场景的多幅图像的差别主要表现为:不同的分辨率、不同的颜色属性、不同的位置方向(平移和旋转)、不同的比例大小、不同的非线性变形。为了对场景信息进行深入分析,需要把两个或者多个图像数据拼接融合起来,实现这些图像的配准则是最为基本的一步。

5.1.2　图像配准的方法综述

将图像配准方法分为三个类别:基于变换域方法、基于灰度信息法和基于特征的方法。

5.1.2.1　基于变换域的配准方法

基于变换域的方法又称基于频率域的方法,其核心是使用傅里叶变换。将傅里叶变换用于图像配准有以下几个优点:图像间的平移、旋转和尺度等变换在傅里叶域中均有对应量;对抗与频域不相关或独立的噪声,有很好的鲁棒性;使用快速傅里叶变换(FFT)可以快速实现图像配准。

相位相关法是用于配准两幅图像的平移变化的典型方法。对于两幅只有平移量为 (x_0, y_0) 的图像 $f_1(x,y)$ 和 $f_2(x,y)$,有

$$f_2(x,y) = f_1(x - x_0, y - y_0) \tag{5.1}$$

则它们之间的傅里叶变换 $F_2(u,v)$ 和 $F_1(u,v)$ 满足下式

$$F_2(u,v) = \exp(-j2\pi(ux_0 + vy_0)) \times F_1(u,v) \tag{5.2}$$

可见,两幅图像具有相同的傅里叶变换和不同的相位关系,而相位关系是由他们之间的平移直接决定的。

旋转在傅里叶变换中是一个不变量。根据傅里叶变换的旋转性质,旋转一副图像,在频率域相当于对其傅里叶变换作相同角度的旋转。如果两幅图像 $f_1(x,y)$ 和 $f_2(x,y)$ 间有平移、旋转和尺度变换,设平移量为 (x_0,y_0),旋转角度为 θ,尺度变换为 r,则有

$$f_2(x,y) = f_1(xr\cos\theta + yr\sin\theta - x_0, -xr\sin\theta + yr\cos\theta - y_0) \tag{5.3}$$

则它们的傅里叶变换满足

$$F_2(u,v) = F_1(ur\cos\theta + vr\sin\theta, -ur\sin\theta + vr\cos\theta) \times \exp(-j2\pi(ux_0 + vy_0)) \tag{5.4}$$

令 M_1 和 M_2 分别为 $F_1(u,v)$ 和 $F_2(u,v)$ 的模,对上式取模得到

$$M_2(u,v) = M_1(ur\cos\theta + vr\sin\theta, -ur\sin\theta + vr\cos\theta) \tag{5.5}$$

当 $r=1$ 时,两图像间仅有平移和旋转变换。此时可以看出两个频谱的幅度是一样的,只是有一个旋转关系。通过对其中一个频谱幅度进行旋转,用最优化方法寻找最匹配的旋转角度就可以确定。

当 $r \neq 1$ 时,对上式进行极坐标变换,可以得到

$$M_2(\rho,\varphi) = M_1(r\rho, \varphi - \theta) \tag{5.6}$$

对第一个坐标进行对数变换,得到

$$M_2(\lg\rho,) = M_1(\lg r + \lg\rho, \varphi - \theta) \tag{5.7}$$

变量代换后写成

$$M_2(\omega,\varphi) = M_1(\omega + c, \varphi - \theta) \tag{5.8}$$

式中,$\omega = \lg\rho$;$c = \lg r$。

这样,通过相位相关技术,可以一次求得尺度因子 r,和旋转角度 θ,然后根据 r 和 θ 对原图像进行缩放和旋转校正,再利用相位相关技术求得平移量。

5.1.2.2 基于灰度信息的图像配准方法

基于灰度的图像配准方法一般不需要对图像进行复杂的预处理,而是利用图像本身具有灰度的一些统计信息来度量图像的相似程度。这种方法优点是算法简单易行,相似性度量值能够很好的表示两幅图像相似的程度,但这个方法的缺点是计算量很大,对噪声很敏感,得到的结果往往准确性不高。

互相关法是最基本的基于灰度信息的图像配准的方法,通常被用于进行模板匹配或者模式识别。它是一种匹配度量,通过计算模板图像和搜索窗口之间的互相关值,来确定匹配的程度。另一个类似的度量,就是相关系数,在某些情况下具

有更好的效果。相关系数的特点是:它是在一个绝对的尺度范围$(-1,1)$内计算相关性的,并且在适当的假设下,相关系数的值与两图像间的相似性成线性关系。根据卷积原理,相关可以通过快速傅里叶变换计算,使得大尺度图像下相关的计算效率大大提高。

序贯相似检测算法(Sequential Similarity Detection Algorithms,SSDA)是一种比传统的交叉相关更容易实现的算法。SSDA 方法的最主要的优点是处理速度快。该方法相对于传统的交叉相关法改进主要体现在两个方面。首先,提出一个计算更为简单的相似性度量准则 $E(u,v)$,这一准则即使在非归一化情况下仍可在匹配处获得极小值并且没有乘法运算,而传统的相关法则存在归一化时需要进行乘法运算的缺点,速度较慢。

另一种常用的基于图像灰度的相似性准则称为整合平方误差,也可称为残差,它以误差的平方来求解累加和。

5.1.2.3　基于图像特征的图像匹配方法

基于特征的图像配准方法一般分为三个步骤。

(1) 特征提取。根据图像性质提取适用于图像配准的几何或灰度特征。特征提取是一项极为困难的工作,也是特征配准算法的一个关键。由于图像中有很多种可以利用的特征,因而产生了许多基于特征的方法。文献中常用的图像特征有:特征点(包括角点、高曲率点)、直线段、边缘、轮廓、闭合区域、特征结构以及统计特征如矩不变量、重心等。

(2) 特征匹配。将两幅待配准图像中提取的特征作一一对应,删除没有对应的特征。

(3) 图像变换。利用匹配好的特征代入符合图像形变性质的图像转换(投影、仿射等)以最终配准两幅图像。

点特征是图像配准中经常用到的图像特征之一,其中主要应用的是图像的角点。角点是图像上灰度变换剧烈且和周围的邻点有着显著差异的像素点。目前角点检测算法主要分为两大类。一类是基于边缘图像的角点检测算法,这类算法需要对图像边缘进行编码,这在很大程度上依赖于图像的分割和边缘提取,而图像的分割和边缘提取本身具有相当大的难度和计算量,况且一旦边缘线发生中断(在实际中经常会遇到这种情况),则对角点的提取结果造成较大的影响。所以,这类算法有一定的局限性。第二类是基于图像灰度的角点检测,避开了上述的缺陷,直接考虑像素点邻域的灰度变化,而不是整个目标的边缘轮廓。这类算法主要通过计算曲率及梯度来达到检测角点的目的,如 Movarac 兴趣算子、Beaudet 算子、Plessey 算子、Susan 算子、MIC 算子等。当角点提取以后,如何建立两幅图像之间同名角点的对应也是一个难点。

5.2 图像获取的系统模型

5.2.1 相机透视投影成像模型

在计算机视觉中,相机模型解决的是三维场景中的点如何与二维图像上的点联系起来的问题。通常情况下成像过程可以用小孔透视投影模型来描述,三维空间中的物体通过透镜投影到成像平面上形成二维图像,这一过程可以用解析几何的方法来描述,建立三维空间到二维平面的几何关系。为此,首先介绍三种空间坐标系及其关系。

5.2.1.1 相机坐标系、图像坐标系与世界坐标系

在一个成像系统中,二维图像每一点的灰度值反映了空间物体表面某点反射光的强度,而该点在图像上的位置则与空间物体表面相应点的几何位置有关。这些位置的相互关系由相机成像几何模型所决定。在三维计算机图形学的研究中,为了简化问题的处理同时又满足应用的需要,常用针孔相机模型来代替实际的相机。针孔相机的成像几何关系称为透视投影。

为了定量地描述光学成像过程,我们首先定义以下几种坐标系:世界坐标系、相机坐标系和像平面坐标系。首先定义世界坐标系 $O_w - X_w Y_w Z_w$,点 $A(x,y,z)$ 为实际空间中的一点,如图 5.1 所示。相机坐标系 $O_c - X_c Y_c Z$,O_c 称为投影中心,$O_c Z$ 为薄透镜的光轴,O_1 为像平面 $O_1 - XY$ 与光轴的交点,$O_c - O_1$ 的长度即为焦距 f。

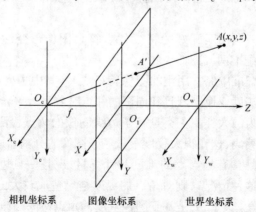

图 5.1 相机的成像模型

在图 5.1 中,空间中实际 $A(x,y,z)$ 在相机坐标系内的坐标为 (X_c, Y_c, Z_c),连接点 A 与光心 O_c 的直线交图像平面于点 A',A' 在图像坐标系下其坐标为 $A'(X, Y)$,A' 即为空间点 A 在图像平面上成的像。在相机坐标系下,A 与 A' 之间的几何关

系为

$$\frac{X}{X_c} = \frac{Y}{Y_c} = \frac{f}{Z_c} \qquad (5.9)$$

式中f表示相机的焦距,在图5.1中代表O_c与O_1之间的距离。下角标c表示这是在相机坐标系下的坐标,等号两边单位都为毫米。

坐标(X,Y)、(X_c,Y_c,Z_c)属于笛卡儿坐标系,在笛卡儿坐标系中,可以用有序实数描述平面上所有的点、线,用解析的方法建立它们之间的关系。一个平面点由一个二维向量表示,一个三维空间点由一个三维向量表示。

5.2.1.2 三种坐标系及其相互关系

相机坐标系可以简明扼要地描述针孔相机模型的本质,但这还远远不够描述现实中的情况。完整地描述一个三维世界点到二维像素点的映射需要知道相机内、外部参数,即需要知道相机坐标系与像平面坐标系、世界坐标系之间的关系。

世界坐标表示场景点在客观世界的绝对坐标。如图5.2所示,相机以某种姿态放置于一个实际的三维世界中。在视点变化的情况下,相机的位置是不断改变的,用相机坐标系不能唯一表示出空间点与相机之间的位置关系,因此必须将相机和空间点置于同一个坐标系下,才能描述两者间的位置关系。在实际应用中可以根据需要指定世界坐标系,一旦确定世界坐标系后,空间中所有的点,包括相机的位置都可用同一个坐标系表示。

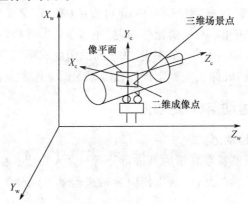

图5.2 世界坐标系

在图5.2中,相机坐标系$X_cY_cZ_c$与世界坐标系$X_wY_wZ_w$不一定完全重合,而是具备一定的平移和旋转关系。通过平移和旋转变换,可以建立世界坐标系与相机坐标系之间的关系。

数字图像通常表示为具有一定大小的二维数组,数组的索引即为图像像素点坐标。在图像处理中,常取图像的左上角点为像素坐标系的原点,水平向右方的轴

为 u 轴,垂直向下的轴为 v 轴。

由于像素坐标为数组的索引值,没有物理单位,因此引入图像坐标系。与世界坐标系不同,图像坐标系反映了相机的内部构造对最终成像结果的影响。图像坐标系的原点为相机光轴与图像平面的交点 O_1,通常为图像的中心处,图像坐标系的 XY 轴的单位是毫米,方向分别为水平向右和垂直向下,如图 5.3 所示。

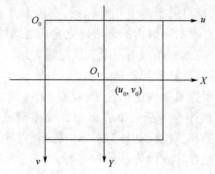

图 5.3　像素坐标系与图像坐标系的关系

图像坐标描述的是二维平面上像素点之间的关系,在成像时,三维空间中的点与相机之间的相对位置关系可以用相机坐标系描述。相机坐标系的原点位于相机光心 O_c 上,X_cY_c 轴分别与图像坐标系的 XY 轴平行,且方向一致,Z 轴为 O_c 与图像坐标系原点 O_1 的连线,这样,空间中的一点可以用 (X_c,Y_c,Z_c) 来表示。

对于世界坐标系中的一点,由相机的内、外部参数即可确定其在图像上的像素坐标。在世界坐标系中,用同一个相机,从不同的角度和距离获取空间中同一点的图像时,可以用相机的成像模型确定该点在两幅图像上像素坐标之间的关系。

5.2.2　相机运动与成像关系

5.2.2.1　相机运动形式

本节以无人飞行器机载相机为例进行分析。无人飞行器在飞行过程中存在着爬升、下降、转弯及滚转等运动,所以相应的相机运动可以分为以下几种基本运动形式。

(1)平移运动(Translation),即相机的运动平行于成像平面,如图 5.4(a)所示。

(2)镜头伸缩运动(Zooming),即焦距发生变化,或者相机做沿光轴(即 z 轴)方向的运动,如图 5.4(b)所示。

(3)水平扫动(Panning),即相机绕 y 轴旋转,如图 5.4(c)所示。

(4)垂直扫动(Tilting),即相机绕 x 轴旋转,如图 5.4(d)所示。

86

（5）旋转运动（Rolling），即相机绕光轴旋转，如图5.4（e）所示。

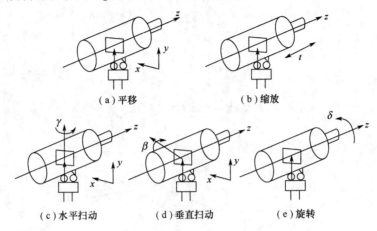

（a）平移　　　　　　　　　　（b）缩放

（c）水平扫动　　　　（d）垂直扫动　　　　（e）旋转

图 5.4　机载相机五种空中基本运动

　　由于无人飞行器会在空中做出各种飞行动作，所以实际的相机运动一般是上述五种基本运动的组合。无人飞行器航拍图像的配准问题其实就是研究飞行器在多种相机运动下拍摄的不同图像之间变换参数的求解问题。

5.2.2.2　机载相机成像模型

　　图像成像模型是指两幅二维图像所具备的坐标变换关系。在某种约束的相机运动条件下，三维场景形成的两幅或多幅图像之间的关系可以完全由图像成像模型描述。无人飞行器所获图像的配准都是围绕着某种特定的图像变换关系展开的。

　　由于无人飞行器会在做各种动作的情况下获得航拍照片，机载相机会跟随飞行器产生旋转、缩放和较大距离的平移，从而使得同一空间目标在不同视图上的方向和尺度都发生变化，并且投影过程也会使目标的形状产生变化，这就需要研究无人飞行器航拍图像之间满足什么样的变换关系。

　　常见的拍摄序列图像的相机运动一般有如下两种方式。

　　（1）相机绕光心转动时拍摄的任意三维场景（如图5.5（a）所示）。这里三维空间是可以任意分布的，但要求相机镜头严格绕光心旋转拍摄，即可以进行水平扫动、垂直扫动、旋转及镜头缩放，但不可以发生相机平移。近似条件为将相机近似固定于一点进行拍摄。

　　（2）相机以任意运动方式运动拍摄的平面场景（如图5.5（b）所示）。平面场景是指不具备立体信息的类似于平面的场景，比如远方的景物等。近似条件为场景深度远大于焦距时。

　　无人飞行器获得图像的方式为第二种方式。

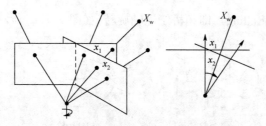

（a）相机绕光心转动拍摄的任意三维场景

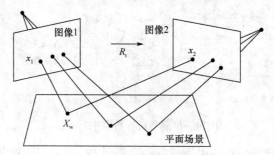

（b）相机以任意方式拍摄的平面场景

图 5.5　相机拍摄序列图像的两种方式

5.2.2.3　机载图像获取系统主要性能参数

现假设飞行器对所侦查目标区域的分辨率要求达到 1m，相机的照片分辨率为 500×800，相机焦距选择范围为 6.3 ~ 100mm。对于给定的某个焦距的情况下，我们则需要得到飞行器在什么高度下飞行仍然能够满足 1m 分辨率的要求。这个对于不具备自动变焦能力的机载相机来说尤为重要。对于一个固定焦距的机载相机，相机的分辨率会随着飞行器飞行高度的增加而减小。所以，对于一个没有变焦能力的机载相机，为了能够满足预先设定的分辨率要求，需要去研究分辨率、飞行高度与相机焦距之间三者的关系。

由于无人飞行器的体积尺寸较小，相对于它的飞行上百米的高度来说，可以忽略不计，为了描述问题方便，将飞行器简化成一个点。这样无人飞行器的成像过程就可以简化为针孔模型，对于针孔相机光学方程有

$$\frac{1}{L} = \frac{1}{L'} + \frac{1}{f} \tag{5.10}$$

式中：L 是物体到镜头中心的距离（物距）；L' 是像平面到镜头中心的距离（像距）；f 是焦距。无论焦距是什么，物距 L 与像距 L' 必须满足光学方程才能让相机获得清晰的影像。由于物距 L 很大，其单位是米，而像距 L' 与焦距的单位是毫米，所以在一般情况下我们认为 $\frac{1}{L} = 0$。

所以上述方程可变为

$$\frac{1}{L'} = \frac{1}{f} \qquad (5.11)$$

即 $L' = f$。

这个意味着图像的成像位置基本在焦距处,换句话说,这两个位置基本重合。图 5.6 显示图像平面和物平面之间的几何关系。

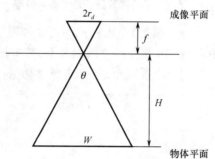

图 5.6   简化成像模型

从相机简化成像模型可以得到

$$f = \frac{2r_d H}{W} \qquad (5.12)$$

式中:f 是焦距;r_d 是成像平面长度的一半;W 是拍摄的物体区域的宽度;H 是从相机到物体平面的高度。

同时,根据图 5.6 有

$$\tan\frac{\theta}{2} = \frac{W/2}{H} \qquad (5.13)$$

式中:θ 是视场角。

就可以得到相机的视场角与焦距之间的关系,即

$$\theta = 2\tan^{-1}\left(\frac{r_d}{f}\right) \qquad (5.14)$$

图像中单一像素的分辨率可以通过 CCD 的高度或者宽度得到。我们选择较小边的 500 像素宽度做计算,因为这个与长度相比可以得到更大的分辨率值。图 5.7 表示视场角与单一像素分辨率之间的近似几何关系。

假设 R_p 是单一像素的分辨率,θ 是视场角,H 是机载相机所在高度。这时就可以得到

$$R_p = \frac{\theta}{500}H \qquad (5.15)$$

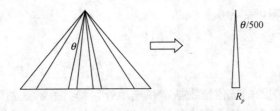

图5.7　单一像素视场角下的分辨率

可以看到,每个像素的分辨率(弧度)是由相机的高度和视场角决定的。

图5.8表示相机视场角与相机焦距之间的关系,其中横轴为相机的焦距,纵轴为相机的视场角。可以看到相机视场角范围会随着相机的焦距增加而减少。

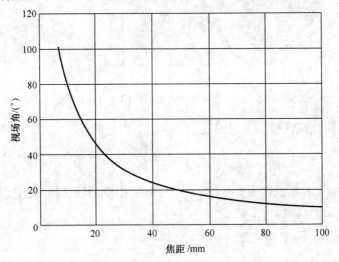

图5.8　相机视场角与相机焦距之间关系

从图5.8中可以看到,视场角会在6.5~40mm焦距区间段内随着焦距的增加而快速减小,但是从40~100mm焦距区间段内,视场角仅从大约20°降到10°很明显,飞行器将在一个给定的高度的情况下并且在1m的分辨率下,越大的视场角能看到越多的地面情况,获得越多的信息。因此,这个曲线可以提供在某个焦距的情况下飞行器的侦查覆盖区域。

图5.9是在给定的5种飞行高度的情况下,图像分辨率与相机焦距的关系。其中横轴代表相机焦距,纵轴代表相机分辨率。从图5.9中可以看到,在飞行高度不变的情况下,相机的分辨率会随着焦距的增加而提高。

从图5.9中可以获得两个重要的信息。第一,如果飞行器能在250m或者更低的空中巡飞的情况下,对于它的整个任务来说,几乎常用的相机焦距都将满足分辨率的要求。因此,最短的相机焦距可以在要求的最小分辨率的情况下获得的最

90

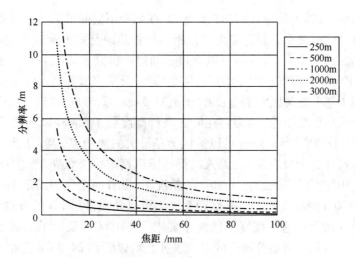

图 5.9 分辨率与焦距在不同高度下的关系

大视场覆盖区域。第二,如果飞行器在 3000m 高空上飞行时,将会没有一个常规的相机焦距可以满足 1m 分辨率的要求。因此,为了满足 1m 分辨率的要求,在理论极限情况下,飞行器必须在 3000m 以下的高度下飞行,地面上的物体才能够被分辨。但是飞行过程中由于客观自然环境的影响,飞行器飞行高度要远低于 3000m,才能满足 1m 分辨率的要求。

图 5.10 是几种常用的不同焦距,在焦距不变的情况下,相机分辨率与飞行器飞行高度之间的关系。其中横轴为飞行器的飞行高度,纵轴为相机的分辨率。

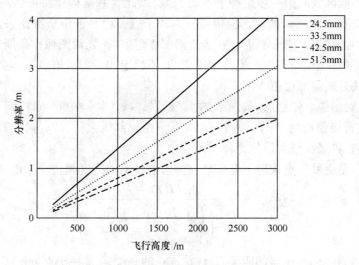

图 5.10 4 种选定的焦距情况下分辨率与飞行高度之间的关系

图 5.10 中选择了几种常用的相机焦距,在焦距不变的情况下分析图像分辨率与飞行高度之间的关系。目的是为了分析在何种焦距与高度配合的情况下,相机的分辨率仍然达到 1m。飞行器可以通过逐渐地降低高度以达到 1m 分辨率的水平,从图 5.10 中可以看到:对于给定的 4 个焦距,分辨率随着高度的降低而分辨率越好。这四个选取的焦距分别是:24.5mm、33.5mm、42.5mm 和 51.5mm。24.5mm 可以被选择最小的焦距值,因为它在能在飞行高度位于 750m 以下的情况下仍然能满足 1m 的分辨率。51.5mm 可以被认为是最大的焦距值,因为从尺寸上讲,无人飞行器的尺寸是十分有限的,无人飞行器难以携带一个焦距超过 5cm 的相机。从图 2 - 11 中还可以看到超过 1500m 的情况下,没有一个焦距满足 1m 分辨率的要求。在 1500m 的高度,51.5mm 焦距基本上可以勉强得出 1m 的分辨率,但是没有一个更小的焦距在这个高度下能满足要求。在 1000m 及以下的高度,33.5mm 或者更大的焦距都能满足分辨率的要求。并且可以看到 24.5mm 焦距在 750m 高度以上无法满足 1m 分辨率的要求。作为无人飞行器,一般的常规飞行高度在 500m 以下,从这些分析可以得出 24.5 ~ 42.5mm 之间的区域都可以选择作为无人飞行器相机的焦距长度范围。

5.3 图像特征提取方法

5.3.1 基于仿射不变量的特征区域提取

提取特征区域的第一步是种子点的选取,以此为基础构建特征区域。这里我们选用图像亮度 $I(x,y)$ 的局部极值点作为种子点。相对于角点特征来说,局部极值点附近的区域多对应于平面。在确定局部极值点前,先对图像作高斯平滑处理,以消除噪音的影响,噪音会产生许多虚假的、不稳定的局部极值点。本文应用非最大值舍弃法搜索局部极值点。

首先,对图像上任意点 (x_0, y_0),在其邻域 $|x - x_0| \leq \gamma$ 和 $|y - y_0| \leq \gamma$(γ 是邻域大小)内进行极值检测,有 $I(x,y) \geq I(x_0, y_0)$ 为局部极大值,$I(x,y) \leq I(x_0, y_0)$ 为局部极小值,将局部极大值作为种子点。

第二步是由种子点构造不变区域。搜索射线上的亮度相位一致值的极值点

$$f_i(t) = \frac{\text{abs}(I(t) - I_0)}{\max\left(\dfrac{\int_0^t \text{abs}(I(t) - I_0)\,\mathrm{d}t}{t}, d\right)} \tag{5.16}$$

式中:t 是沿射线到种子点的距离;$I(t)$ 是该点的亮度;I_0 是种子点处的亮度;d 为一极小值,以保证分母不为零。

以种子点为起点在360°围内引射线,对每一条射线搜索由各方向相位一致值确定的极大值点。把以同一种子点为起点的射线上的极大值点连接形成封闭区域,该区域即所搜寻的不变区域。当一条射线上有多个极大值点时,选取与相邻射线极大值点最为接近的一个极大值点,而不是最大极大值点。

最后,将不变区域用椭圆拟合,得到区域即为所求特征区域。对于较小的椭圆区域,因为所包含的像素较少,使得该区域不具有判断性,所以可将该区域根据椭圆大小适当地放大1.5倍或2倍,并与原区域一起被认为独立的特征区域。因此,有时一个种子点,可确定多个特征区域。

5.3.1.1 特征区域的正则化

在得到基于仿射不变量的特征区域后,对其正则化以消除尺度、扭曲变化的影响。

图像之间的仿射变换 $w:\boldsymbol{R}^n \rightarrow \boldsymbol{R}^n$ 通常写成 $w = \boldsymbol{A}x + \boldsymbol{T}$ 的形式。式中 $x \in \boldsymbol{R}^n$;$\boldsymbol{A}$ 为线性变换矩阵;$\boldsymbol{T}$ 为平移向量。为了不失一般性,不妨设 $\boldsymbol{T} = 0$,即考虑没有平移只有线性变换的情况。

以二值图表示所提取的特征区域。一个点属于该区域则被涂黑,值为1;否则是白色的,值为0。平面笛卡儿坐标下一个点的坐标记为 (x,y),这时可用一个二元函数表示二值图,即

$$f(x,y) = \begin{cases} 1, & (x,y) \text{在形状内} \\ 0, & (x,y) \text{在形状外} \end{cases} \tag{5.17}$$

定义 $f(x,y)$ 的 (p,q) 阶几何矩为

$$\mu_{pq} = \int_{-\infty}^{\infty} x^p y^q f(x,y)\mathrm{d}x\mathrm{d}y \tag{5.18}$$

对于区域图像,点 (x_0,y_0) 给出了图像区域的几何中心。通常,能方便地计算出将参照系原点移至区域质心的几何矩,称为中心矩。这一变化使得矩的计算独立于图像参照系。

令 Δ 为区域内任意直线,$d_\Delta(x,y)$ 为点 (x,y) 到直线的欧氏距离,$f(x,y)$ 相对直线的惯性矩为

$$I_\Delta = \frac{\iint d_\Delta^2(x,y)f(x,y)\mathrm{d}x\mathrm{d}y}{\mu_{00}} \tag{5.19}$$

设垂直于 Δ 的单位向量 $\boldsymbol{u} = (a,b)^{\mathrm{T}}$,则

$$d_\Delta^2(x,y) = a^2 x^2 + 2abxy + b^2 y^2 \tag{5.20}$$

于是

$$I_\Delta = \boldsymbol{u}^{\mathrm{T}} \boldsymbol{S}(f)\boldsymbol{u} \tag{5.21}$$

式中

$$S(f) = \frac{1}{\mu_{00}} \begin{pmatrix} \mu_{20} & \mu_{11} \\ \mu_{11} & \mu_{02} \end{pmatrix} \qquad (5.22)$$

容易知道矩阵 $S(f)$ 是对称正定的,由对称正定矩阵的分解性质可知,存在唯一的下三角矩阵 B 满足

$$S(f) = BB^{\mathrm{T}} \qquad (5.23)$$

设 A 为线性变换矩阵,通过简单计算有

$$S(Af) = AS(f)A^{\mathrm{T}} \qquad (5.24)$$

因此 $S(B^{-1}f) = B^{-1}S(f)(B^{-1})^{\mathrm{T}} = B^{-1}BB^{\mathrm{T}}(B^{-1})^{\mathrm{T}} = I_d$($I_d$ 为单位矩阵),由此推出 $I_\Delta(B^{-1}f) = 1$ 对任何直线 Δ 成立,即形状 $B^{-1}f$ 相对平面上任何直线的惯性矩都是常数 1,由此我们定义 $B^{-1}f$ 为 f 的标准型。特征区域的正则化过程就是获得特征区域标准型的过程。

$B^{-1}f$ 在线性变换下除了差一个正交变换外是不变的。

由矩阵三角分解知

$$B^{-1} = \sqrt{\mu_{00}} \begin{pmatrix} b_{11} & b_{12} \\ b_{21} & b_{22} \end{pmatrix} \qquad (5.25)$$

式中:$b_{11} = \dfrac{1}{\sqrt{\mu_{20}}}$;$b_{12} = 0$;$b_{21} = \dfrac{\mu_{11}}{\mu_{20}\sqrt{\mu_{02} - \mu_{11}^2/\mu_{20}}}$;$b_{21} = \dfrac{1}{\sqrt{\mu_{02} - \mu_{11}^2/\mu_{20}}}$。

可用图 5.11 表示正则化过程对匹配的影响,f_1,f_2 为所提取出的不同视点下同一平面的投影,两者之间存在仿射变换 A,经过区域的正则化 $B_1^{-1}B_2^{-1}$,所生成的区域 f'_1,f'_2 之间存在的变化简化为旋转变化。由此可求得其仿射变换矩阵 R。

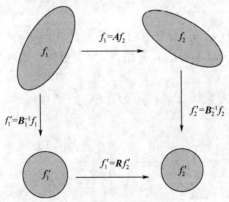

图 5.11 特征区域正则化过程

5.3.1.2 Gaussian 尺度空间原理

在特征区域提取完成并正则化后,在其基础上研究尺度空间中的特征点提取

和配准。尺度空间理论最早出现于计算机视觉领域时,其目的是模拟图像数据的多尺度特征。其主要思想是通过对原始图像进行尺度变换获得图像多尺度下的尺度空间表示序列,并对这些序列进行尺度空间特征提取。

1. 图像多尺度表示

Koendetink 在文献中证明高斯卷积核是实现尺度变换的唯一变换核,而 Lindeberg、Babaud 和 Florack 等人则进一步证明高斯卷积核是唯一的线性核。二维高斯函数定义如下,即

$$G(x,y,\sigma) = \frac{1}{2\pi\sigma^2}e^{-(x^2+y^2)/2\sigma^2} \tag{5.26}$$

式中:σ 代表了高斯正态分布的方差。

一幅二维图像,在不同尺度下的尺度空间表示,可由图像与高斯核卷积得到

$$L(x,y,\sigma) = G(x,y,\sigma) * I(x,y) \tag{5.27}$$

式中:L 代表了图像的尺度空间;(x,y) 代表图像 I 的像素位置;σ 称为尺度空间因子,其值越小则函数越"集中",即表征该图像被平滑的越少,相应的尺度也就越小;σ 越大,平滑的范围越大。大尺度对应于图像的概貌特征,小尺度对应于图像的细节特征。可见,选择合适的尺度因子平滑是建立尺度空间的关键。

Witkin 指出,当高斯滤波器方差增加时,高斯滤波器和信号卷积所得结果中的精尺度信息会被压制,信号会随平滑尺度的增大越来越平滑,二维信号的例子如图5.12 所示,(a)(b)(c)(d)(e)依次对应为:原始图像对应的尺度为 2.01、2.54、4.03、6.40 时的尺度空间表征。

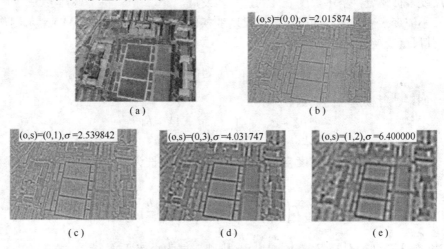

图 5.12　图像随尺度渐变的高斯核平滑结果

从尺度空间定义可以看出,对于二维图像尺度空间通过在图像数据中引入一个尺度维,提供了一个表达各尺度层间相互关系的解析途径,由此使在所有尺度上分析图像成为可能,使不同尺度上的特征可以一种精确的方式联系起来。

2. 尺度空间与其他图像多尺度表示的区别

在实际应用中已经存在有几种多尺度的数据结构和数据表示,如四分树、金字塔和小波分解等,但它们和尺度空间是存在本质区别的。

四分树是最早的多尺度表征之一,它根据某种一致性标准度量图像区域,将不满足一致性的区域四分为子区域,并对该区域进行类似处理,直至所有区域满足一致性准则为止。这样,二维图像就能用一棵树来表征,这种多尺度表征一般应用在分裂合并算法中。它对所有图像采用固定的分块方式,这会影响实际效果及适用范围。四分树是尺度空间表征的雏形。

金字塔多尺度表征包括平滑和子抽样两个过程。通过平滑子抽样,原始图像可用由精到粗的金字塔型数据结构表示。金字塔多尺度表征主要优点是可以快速缩小图像尺寸,有较大计算优势。由于从某层到下一层时像素数是按固定的因子缩小的,从而限制它的尺度只能按固定的步长变化,不能得到所有尺度下的表征。而且金字塔多尺度表征不具有平移不变性。

小波是一种新的多尺度表征,由一个小波函数 $\psi(X)$,经过平移可得到小波函数族 $\{\psi_{a,b}(X) a,b \in R, a \neq 0\}$,它构成 $L^2(R)$ 的一组完备规范正交基,连续小波变换 wf 如下式给出,即

$$(wf)(a,b) = \langle f, \psi_{a,b} \rangle \tag{5.28}$$

式中,$\langle , \rangle$ 表示内积。小波分析中的塔式分解也是对信号的一种多尺度表征,这种多尺度表征是金字塔多尺度表征的进一步发展。

小波变换和尺度空间变换都是尺度变换映射的特例[96]。设 $f(X)$ 表示图像函数,其尺度变换映射定义为

$$T(a,b) = \int_{-\infty}^{\infty} f(X) k\left(\frac{x-b}{a}\right) dX \tag{5.29}$$

如果映射核选为高斯函数,则

$$K\left(\frac{X-a}{a}\right) = \frac{1}{2\pi a^2} \exp\left(-\frac{|X-b|^2}{2a^2}\right) \tag{5.30}$$

尺度变换映射就为尺度空间滤波。如果映射核选为其他小波函数如墨西哥帽函数,则

$$K\left(\frac{X-a}{a}\right) = |a|^{-0.5} \psi\left(\frac{X-b}{a}\right) \tag{5.31}$$

式中,$\psi(X) = (1-|X|^2) \exp\left(-\frac{|X|^2}{2}\right)$,则映射就为小波变换。

尺度空间和上述几种多尺度结构存在比较大的区别,主要表现在以下几点。

(1) 尺度空间表征包含一个连续的尺度参量并在所有尺度上保持同样的空间抽样,这样尺度得到的结果可直接应用,而不必像金字塔多尺度表征那样需要做适当转换。

(2) 尺度空间表征是严重信息冗余,不同尺度存在的这种强相关正是利用尺度空间理论来解决多尺度问题的关键所在。这个特征明显区别于小波分析:在规范正交基上展开函数以得到最小信息冗余的表征,不同尺度上的小波系数一般是解相关的。

(3) 尺度空间表征强调的是各尺度之间满足因果性,而其他几种多尺度表示方法都不满足因果性。这是它们之间最根本的区别。

5.3.2 基于尺度空间的特征点提取

在确定了特征区域的位置、形状和大小后,需要构造特征量来描述区域内的特征,这种特征量应该具有高度的区分性,使得其能够唯一表征该区域的性质,同时也具有仿射不变性,当区域发生仿射变换后特征量仍然能保持不变。

5.3.2.1 SIFT 不变特征原理

David G. Lowe 在 Lindeberg 基础上总结了现有的基于不变量技术的特征检测方法,并正式提出了一种基于尺度空间的、对图像缩放、旋转甚至仿射变换保持不变性的图像局部特征描述算子,即 SIFT 算子,其全称是 Scale Invariant Feature Transform,即尺度不变特征变换。

SIFT 算法首先在尺度空间进行特征检测,并确定关键点(Keypoints)的位置和关键点所处的尺度,然后使用关键点邻域梯度的主方向作为该点的方向特征,以实现算子对尺度和方向的无关性。

SIFT 算法提取的 SIFT 特征向量具有如下特性。

(1) SIFT 特征是图像的局部特征,其对旋转、尺度缩放、亮度变化保持不变性,对视角变化、仿射变换、噪声也保持一定程度的稳定性。

(2) 独特性(Distinctiveness)好,信息量丰富,适用于在海量特征数据库中进行快速、准确的匹配。

(3) 多量性,即使少数的几个物体也可以产生大量 SIFT 特征向量。

(4) 可扩展性,可以很方便的与其他形式的特征向量进行联合。

Lowe 在图像二维平面空间和 DoG 尺度空间中同时检测局部极值作为特征点,以使特征具备良好的独特性和稳定性。DoG 算子定义为两个不同尺度的高斯核的差分,其具有计算简单的特点,是归一化 DoG 算子的近似。DoG 算子即为

$$D(x,y,\sigma) = (G(x,y,k\sigma) - G(x,y,\sigma)) \times I(x,y) = L(x,y,k\sigma) - L(x,y,\sigma)$$

$$(5.32)$$

DoG 算子具有计算简单的特点,作为归一化的拉普拉斯算法的近似,Lindeberg 证明该算子是有效的尺度不变量。

SIFT 特征匹配算法包括两个阶段,第一阶段是 SIFT 特征的生成,即从多幅待匹配图像中提取出对尺度缩放、旋转、亮度变化无关的特征向量;第二阶段是 SIFT 特征向量的匹配。

一幅图像 SIFT 特征向量的生成算法总共包括 4 步。

(1) 尺度空间极值检测,以初步确定特征点位置和所在尺度。首先对尺度递增的 n 个尺度图像(Lowe 称其为一个 Octave 层),按相邻图像相减的方法得到 $n - 1$ 个 DoG 图像,如图 5.13(a)所示,然后在所得到的 DoG 图像中,对每一个点,比较其周围 8 个点的取值以及上下两层对应位置上 9 个点取值。即:图 5.13(b)中标记为叉号的像素需要跟包括同一尺度的周围邻域 8 个像素和相邻尺度对应位置的周围邻域 9×2 个像素总共 26 个像素进行比较,如果该点的取值是这些点中的最大或者最小值,则选择该点为特征点,并且选择 DoG 图像对应的尺度为该点的特征尺度。

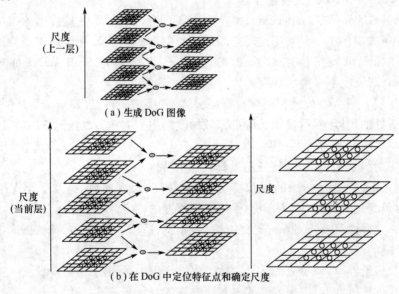

(a) 生成 DoG 图像

(b) 在 DoG 中定位特征点和确定尺度

图 5.13　DoG 尺度空间局部极值检测

这种方法选择在空间域上的极大(小)值点和尺度域上的极大值作为特征点,并以尺度域极大值对应的尺度作为该点的尺度,较好地同时解决了特征点定位和特征区域大小选择的问题。

98

（2）通过拟合三维二次函数以精确确定特征点的位置和尺度,同时去除低对比度的特征点和不稳定的边缘响应点(因为 DoG 算子会产生较强的边缘响应),以增强匹配稳定性、提高抗噪声能力。

（3）利用特征点邻域像素的梯度方向分布特性为每个特征点指定方向参数,使算子具备旋转不变性。

$$m(x,y) = \sqrt{(L(x+1,y) - L(x-1,y))^2 + (L(x,y+1) - L(x,y-1))^2}$$
$$(5.33)$$

$$\theta(x,y) = a\tan2((L(x,y+1) - L(x,y-1))/(L(x+1,y) - L(x-1,y)))$$
$$(5.34)$$

式中,L 所用的尺度为每个特征点各自所在的尺度。

在实际计算时,首先在以特征点为中心的邻域窗口内采样,并用直方图统计邻域像素的梯度方向。梯度直方图的范围是 $0° \sim 360°$,其中每 $10°$ 一个柱,总共 36 个柱。直方图的峰值则代表了该特征点处邻域梯度的主方向,即作为该特征点的方向。同时,在求梯度方向直方图时,用高斯函数对梯度方向加权,以突出中心区域的作用,抑制边缘区域的影响。图 5.14 是采用 8 个柱时使用梯度直方图为关键点确定主方向的示例。

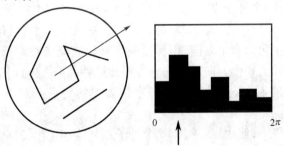

图 5.14　由梯度方向直方图确定主梯度方向

在梯度方向直方图中,当存在另一个相当于主峰值 80% 能量的峰值时,则将这个方向认为是该特征点的辅方向。一个特征点可能会被指定具有多个方向(一个主方向,一个以上辅方向),这可以增强匹配的鲁棒性。

至此,图像的特征点已检测完毕,每个特征点有三个信息:位置、所处尺度、方向。由此可以确定一个 SIFT 特征区域。

（4）生成 SIFT 特征向量。当确定了特征点位置和特征区域的大小后,相当于在图像中确定了一个以特征点为中心具有一定尺寸的矩形区域,由于矩形区域的尺寸是该点的特征尺度,因此当图像发生尺度变化时,矩形的大小将随之改变,并且变换前后区域内的图像内容保持不变,具有尺度不变性。在矩形区域内利用图像梯度的方向,构造具有旋转不变性和一定照度不变性的特征向量,其过程如图5.15所示。

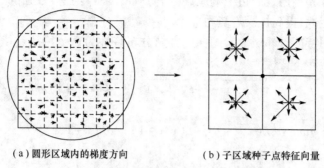

(a) 圆形区域内的梯度方向　　　　　(b) 子区域种子点特征向量

图 5.15　由关键点邻域梯度信息生成特征向量

以特征点为中心取 8×8 的窗口,图 5.15(a)的中央黑点为当前特征点的位置,每个小格代表特征点邻域所在尺度空间的一个像素,箭头方向代表该像素的梯度方向,箭头长度代表梯度模值,图中的圈代表高斯加权的范围(越靠近特征点的像素梯度方向信息贡献越大)。将其划分为 4 个 4×4 大小的子区域,然后在每个子区域中每 2×2 的小块上计算 8 个方向的梯度方向直方图,绘制每个梯度方向的累加值,即可形成一个种子点。每个子区域共 4 个种子点组成,每个种子点有 8 个方向向量信息。计算直方图时,需要将梯度方向减去主方向,以保证旋转不变性,然后将梯度方向量化为 8 个方向,用梯度幅度乘以高斯函数对梯度方向进行加权并统计加权后的梯度 8 个方向的方向直方图。这种邻域方向性信息联合的思想增强了算法抗噪声的能力,同时对于含有定位误差的特征匹配也提供了较好的容错性。

实际计算过程中,使用 4×4 共 16 个种子点来描述一个特征点,如图 5.15(b)所示。这样对于一个特征点就可以产生 128 个数据,即最终形成 128 维的 SIFT 特征向量。此时 SIFT 特征向量已经去除了尺度变化、旋转等几何变形因素的影响,再继续将特征向量的长度归一化,则可以进一步去除光照变化的影响。为了提高算法对非线性光照变化的稳健性,可以限制归一化的特征向量的每一维元素不能超过 0.2(经验数据),即如果某一维数据元素大于 0.2,则令其等于 0.2,然后再次进行向量归一化,这样最终可以计算得到 SIFT 特征描述向量。

5.3.2.2　基于椭圆区域的 SIFT 构造与特征提取

构造椭圆 SIFT 有两个主要不同点:椭圆区域划分和高斯加权函数选择。在正方形 SIFT 中,正方形区域被均匀划分为 4×4 个面积相等的子区域,从而保证参与计算每个小区域内的特征量时所用到的梯度方向的数目相同。

椭圆 SIFT 与正方形 SIFT 的第二个不同点是高斯加权函数的选择。在正方形

SIFT 中,采用方差相等的二维高斯加权函数,高斯函数的截线为一个圆,如图 5.16 所示,通过这种加权方法,可以使得位于截线上的点具有相同的加权值。本文的特征区域为椭圆,为使得各个区域具有相同的加权值,采用方差不相同的二维高斯函数对各个区域加权。

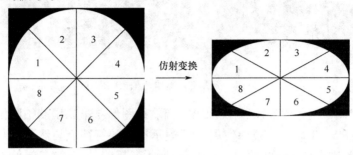

图 5.16　椭圆区域 SIFT 提取

当用高斯函数进行加权时,由于高斯函数具有越远离中心点时函数值越小的特点,这种性质突出了区域中心的作用,抑制了或者削弱了区域边缘的作用。因此,当两个区域由于尺度不同而造成大部分中心区域内容相同,小部分边缘区域不同时,用高斯函数进行加权,可以对这种尺度不同造成的差异进行补偿,从而使得所提取的特征向量具有一定程度上的尺度不变性。

当对椭圆区域进行等面积划分和确定了加权高斯函数后,可利用 Lowe 的方法构造特征向量。最后采用特征向量的欧氏距离作为特征点和匹配点的相似性度量作为特征点的配准准则。为了使后面的实验显示更简洁,采用阈值匹配,即只要特征点特征向量之间的距离小于给定的阈值,就认为这两个特征点匹配;同时,最大搜索宽度定为 40 个特征点,即对左图中每一个特征点,分别计算此特征点的特征向量与右图中最多 40 个相应的搜索子图的特征向量之间的欧氏距离,最后取最小欧氏距离搜索子图的中心点作为该特征点的匹配点。

5.3.2.3　仿真分析

通过实验验证不变特征提取方法的效果与性能,测试其对无人飞行器在典型的飞行状态下获得图像的配准效果,其中包括图像平移与缩放,图像平移与旋转情况下的适用性。算法使用 MATLAB 编程,在一台配置为中央处理器 1.56GHz,内存 512M 的计算机上进行算法实验。图 5.17 是无人飞行器进行实际航拍的三幅顺序拍摄的图像,按从左到右的顺序表示,无人飞行器拍摄时的状态为向下俯冲,飞行器速度约为 50m/s,三幅图像的拍摄间隔为 0.5s,图像大小为 640 × 480,为顺序拍摄。

为了更方便地描述问题,把配准阈值设为 0.41,以得到比较少的配准点。

101

(a)   (b)   (c)

图 5.17　无人飞行器俯冲拍摄的图像

　　首先对图像进行预处理后,提取第一幅航拍图像与第二幅航拍图像的待配准特征点,在图 5.18(a)与(b)中使用"＋"表示提取的特征点。然后将两幅图像进行配准,将配准点连接起来,如图 5.18(c)所示。接着,提取第二幅航拍图像与第三幅航拍图像的待配准特征点,在图 5.19(a)与(b)使用"＋"表示特征点,同样将

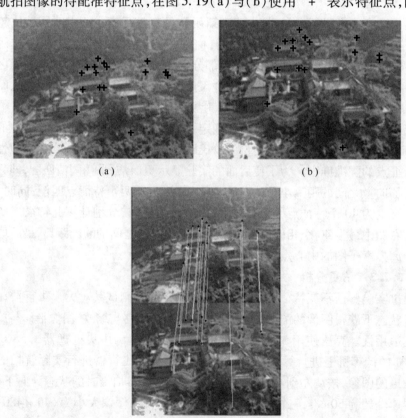

图 5.18　存在平移和缩放复合关系的第一组航拍图像配准

102

两幅图像进行配准,将配准点连接起来,如图5.19(c)所示。从三幅无人飞行器航拍图像的配准结果可以看到,虽然无人飞行器抖动造成了图像较模糊,但特征提取与配准算法鲁棒性较强,并没有影响配准效果,配准点配准准确,效果很好。

图5.19 存在平移和缩放复合关系的第二组航拍图像配准

接下来对存在平移和旋转复合关系的无人飞行器航拍图像进行实验。图5.20(a)和(b)是无人飞行器进行顺序拍摄的两幅图像,拍摄时飞行器在空中做平飞转弯动作,飞行速度约为45m/s,飞行高度约为320m,两幅图像的拍摄间隔为1.2s。

使用配准阈值为0.22以生成较少的匹配特征点。在图5.21(a)和(b)中使用"+"表示特征点。从图5.21(c)中的配准效果中可以看到,虽然飞行器作了较大幅度的旋转和平移复合运动,但是特征点配准依然准确,配准效果很好。

图 5.20　无人飞行器旋转状态下拍摄的图像

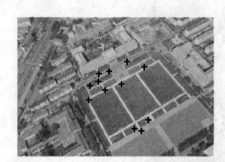

图 5.21　存在平移与旋转复合的航拍图像配准

104

5.4 图像特征配准方法

5.4.1 相位相关法

信号在时域的时移对应于频域的线性相移;信号在时域的卷积对应于频域的相乘。这两个性质是基于频域的图像配准方法的重要理论依据。

相位相关法是一种基于傅氏功率谱的频域相关技术,该方法利用了互功率谱的相位信息进行配准,对图像间的亮度变化不敏感,具有一定的抗干扰能力。

假设图像 f_1 和图像 f_2 的变换模型是平移运动模型,即

$$f_2(x,y) = f_1(x - x_0, y - y_0) \tag{5.35}$$

将其进行傅里叶变换,则

$$F_2(\xi,\eta) = e^{-j2\pi(\xi x_0 + \eta y_0)} \cdot F_1(\xi,\eta) \tag{5.36}$$

互功率谱定义为

$$\frac{F_1^*(\xi,\eta) F_2(\xi,\eta)}{|F_1^*(\xi,\eta) F_2(\xi,\eta)|} = e^{-j2\pi(\xi x_0 + \eta y_0)} \tag{5.37}$$

式中 F_1^* 为 F_1 的复共轭。将上式进行傅里叶反变换得到

$$\delta(x - x_0, y - y_0) = F^{-1}\left[e^{-j2\pi(\xi x_0 + \eta y_0)} \right] \tag{5.38}$$

寻找上式中冲激函数的峰值位置即可确定图像 f_1 和图像 f_2 之间的平移运动参数。上述结论是基于两幅图像具备简单平移关系的假设。冲激函数的峰值高低反应了两幅图像的相关性大小。当两幅图像具备更为复杂的变换关系,同时被噪声干扰,甚至含有运动物体,那么冲激函数的能量将从单一峰值分布到其他小峰值,但其最大峰值的位置具备一定的稳定性。

运动物体和噪声虽然改变了图像的局部像素分配,但却没有对图像整体产生大的影响,而相位相关法对局部像素变化是不敏感的。

将原始图像分别进行理想平移、旋转并加入大量噪声后,如图 5.22 所示,使用相位相关法来估算图像的平移参数。

实验表明,当两幅图像之间重叠区域仅为 30% 时,相位相关法也可以稳健的估计出图像间的平移关系。

相位相关法估算的平移参数不是很精确,但已经足以为特征点匹配过程提供一个初始搜索范围。重要的是,相位相关法使用 FFT 实现,速度很快。虽然拍摄的实际图像之间是仿射变换关系,但是仍然可以用相位相关法稳健地粗估计算出图像间的平移参数,即图像的粗主运动方向,流程图如图 5.23 所示。

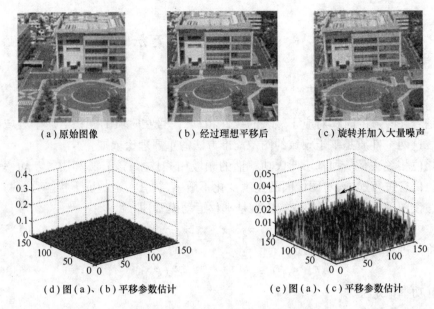

(a)原始图像 (b)经过理想平移后 (c)旋转并加入大量噪声

(d)图(a)、(b)平移参数估计 (e)图(a)、(c)平移参数估计

图 5.22 相位相关法估算平移参数

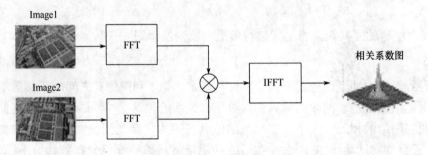

图 5.23 相位相关法流程图

5.4.2 特征点匹配法

根据实际图像之间是仿射变换关系,使用相位相关法稳健地粗略估算出图像间的平移参数,我们称其为图像间的主运动方向。

图 5.24(a)的 8 参数仿射变换描述了两幅图像之间的真正变换关系。而图 5.24(b)是 2 参数平移变换。相比而言,平移模型的两个参数(x_0, y_0)约等于仿射变换模型的 h_{13}、h_{23},并且二者的重叠区域也相近。于是我们可以用图 5.24(b)的重叠区域近似当作两幅实际图像的重叠区域,这样我们仅仅只需在这个重叠区域内检测特征点。图 5.24(b)的重叠区域范围可以简单的由相位相关法估算的平移参数和图像的宽、高来求得,实际计算中要留有约 10 个像素的富裕量,以抵消这两

个模型的差别。

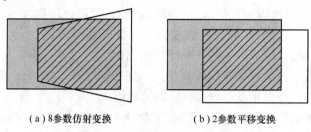

(a)8参数仿射变换　　　　(b)2参数平移变换

图 5.24　平移模型与仿射变换模型

当确定图像的重叠区域后,仅仅在图像重叠区域内进行 SIFT 特征点检测,并且最后对特征点进行匹配。在特征点的匹配过程中,对于图像 f_1 中的任意特征点 p_1,根据相位相关法先计算出的平移量为 t,则可以估算 p_1 对应点的位置 p_2 位于重叠区域中以 (p_1+t) 为中心的某个窗口内。这也是由于两个模型的差别造成的,实际计算中窗口大小一般选为 25×25(窗口大小参数的选择取决于图像的尺寸,一般窗口的大小约为整个图像区域的 1/8)。特征点匹配仅仅在这个窗口内进行搜索,可以大大的降低执行归一化相关的次数。

特征配准法的关键在于对特征点提取和匹配策略的选择。在特征配准主要三个步骤中,第一步特征提取使用了改进的 SIFT 方法提取出具有很高独特性、鲁棒性,对图像旋转、缩放、平移和光线变化保持不变的特征点;第二步中对特征用参数进行描述也通过 SIFT 算法中的特征点描述符得到了解决,而且椭圆 SIFT 给出的描述符是具有 64 维的向量,对特征点的各种属性都进行了详尽的表述,比如特征点的位置、尺度、方向等,这就为以后的特征点匹配提供了很好的基础;第三步则主要利用特征点的参数对特征点进行匹配。

特征点匹配的算法很多,各有优缺点。由于 SIFT 特征点提取算法提取出的特征点具有很高的鲁棒性,对图像的旋转、缩放、平移以及光线、遮挡等具有不变性,同时用 64 维的高维度来对特征点进行描述,使得特征点描述符之间具有很大的差异性,所以就可以直接利用特征点之间的欧氏距离特性进行特征点间的匹配。

5.4.3　最邻近的 NN 算法

匹配策略常用的有三种:阈值匹配、最近邻匹配和最近邻距离比值匹配。对于阈值匹配,只要特征向量之间的距离小于给定的阈值,我们就认为这两个区域匹配。对于最近邻匹配,除了满足距离小于阈值的条件,两个匹配区域的距离还必须是所有特征向量之间最小的,这种方法可以保证一个特征向量只有一个匹配区域。而对于最近邻距离比值匹配,只有满足 $|D_A-D_B|/|D_A-D_C|<t$ 时,我们才可以认

为两个区域匹配,其中 D_B 和 D_C 分别是距离 D_A 最近和次近的特征向量。

通过最近邻与次近邻比值来进行特征点的匹配可以取得很好的效果,因为正确的匹配应该比错误的匹配有着明显的最短最近邻距离,从而达到稳定的匹配。对于错误的匹配,在特征点空间高维度的相同距离内可能还有其他的错误匹配存在,这样我们可以将次近邻匹配作为在这一部分特征点空间对错误匹配密度的估计,同时也可以作为识别特征点模糊的具体例证。

图 5.25 显示了由最近邻与次近邻比值决定的正确匹配和错误匹配的情况。可以看出正确匹配时的概率密度函数值(Probability Density Function,PDF)最高时的最近邻与次近邻比值比错误匹配最高时的比值要低。我们只要防止最近邻与次近邻比值大于 0.8 的匹配时,就可以消除 90% 的错误匹配而只消除了不到 5% 的正确匹配。这些数据是从具有 40000 个特征点,同时图像被加入了 2% 的噪声和 30° 的旋转、尺度、方向随机改变的配准图像中得到的。

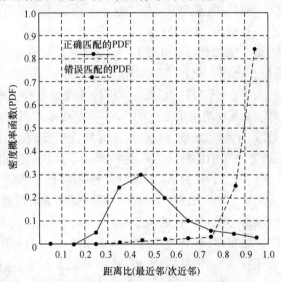

图 5.25　正确和错误的 PDF 比较图

如何找到特征点的最近邻和次近邻是 NN 算法的关键。穷举法能够找到最精确的最近邻距离,没有其他算法比穷举法更有效。

5.4.4　k-d 树算法

k-d 树是二叉检索树的扩展。树的顶层结点按一维进行划分,下一层结点按另一维进行划分,以此类推。划分要使得存储在子树中大约一半的点落入一侧,而另一半落入另一侧。当一个结点中的点数少于给定的最大点数时,划分结束。

1）识别器

在 k 维空间中,每个记录有 k 个关键码。在每一层用来进行决策的关键码称为识别器(Discriminator),对于 k 维关键码,在第 i 层把识别器定义为 i MOD k,MOD 表示求余运算。对于 K 维空间,其识别器采用 $D = L$ MOD K 计算得到,其中 L 表示层数,K 代表维数。

2）分配结点

在结点分配的时候首先比较该层的识别器,如果关键码小于识别器的值时就放到左子树中,否则就放到右子树中。然后在下一层中使用新的识别器来判断每个结点的归属。识别器的值应该尽量使得被划分的结点大约一半落在左子树,另一半落在右子树。

k – d 树中,k 表示空间的维数。它的每一层通过检侧不同的关键值以决定选择分支的方向。例如如果 $k = 2$,每个记录有 2 个关键值 x, y,二维空间中(也就是 2 – d 树)在根和偶数层比较 X 坐标值(假设根的深度为 0),在奇数层比较 Y 坐标值。

3）k – d 树的搜索

k – d 树的数据结构决定了能够减少查询量,因为很多结点不必被考虑,而且 k – d 树提供了一种高效机制去查询与待查询记录的最接近记录,从而大大降低了寻找最佳匹配的计算量。k – d 树搜索算法可以很容易地描述为一个递归算法。

k – d 树搜索时交替地使用识别器与各个维的关键码进行比较,不断缩小搜索范围,直到找到需要的点为止。

4）k – d 树的范围搜索

我们还可以用 k – d 树进行范围查找。我们知道两点 (X_1, Y_1),(X_2, Y_2) 的欧几里德距离为

$$D = \sqrt{(X_1 - X_2)^2 + (Y_1 - Y_2)^2} \tag{5.39}$$

这样就可以根据欧氏距离来搜索一定范围内的点。

5.4.5 BBF 算法

BBF(Best Bin First)搜索策略对最近邻搜索算法有了较大的提高,特别对中维度空间(8 ~ 15 维)。

我们称限制了最大叶子结点数的 k – d 树为受限的 k – d 树。图 5.26 显示了 BBF 搜索算法和受限的 k – d 树搜索算法在不同空间维数上搜索到的最近邻结点的比例情况。

可以发现 BBF 在空间维数 8 ~ 15 之间时搜索到最近邻比例最高,而受限的 k – d 树则当空间维数大于 10 时,搜索到的最近邻比例迅速下降,可见 k – d 树搜索

算法对高维度空间搜索效率没有 BBF 搜索算法高。

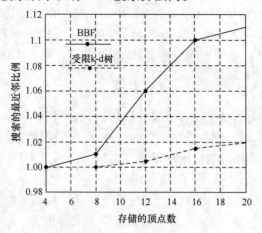

图 5.26　BBF 和受限的 k-d 树搜索比较图

5.4.6　去除错误配准特征点算法

基本思想为:首先利用所有观测数据得到临时模型参数,然后找出距离临时模型最远的观测数据,认为它是一个严重误差,将其删除,再利用所剩观测数据确定一个新的临时模型。重复以上进程直到最大误差小于预定阈值或没有足够的数据以执行下一步运算。

RANSAC 算法的思想简单而巧妙:首先随机地选择两个点,这两个点确定了一条直线,并且称在这条直线的一定范围内的点为这条直线的支撑。这样的随机选择重复数次,最后具有最大支撑集的直线被确认为是样本点集的拟合。在拟合的误差距离范围内的点被认为是内点,它们构成一致集,反之则为外点。根据算法描述,我们可以很快判断,如果只有少量外点,那么由随机选取的包含外点的初始点集所确定的直线不会获得很大的支撑,然后再使用剩余的点进行最小二乘拟合,就会得到接近理想解的直线。值得注意的是,过大比例的外点将导致 RANSAC 算法失败。

虽然 RANSAC 算法可以很大程度上消除较多数量的严重误差的影响,还是可以看到它的一些不足之处。①选取随机样本集时,存在着两个候选点距离过近而被认为是一个点从而求得基本矩阵不准确的问题。②每次随机挑选一个随机样本集,都要寻找其对应候选模型参数的支撑集。对于存在较多误差的观测数据集,将会有很多的时间浪费在寻找对应的支撑集点上。为了克服所提到的两个缺点,分别从两方面进行改进。随机选取匹配点中,本书采取了一种如图 5.27 所示的匹配点按块随机选取方法。匹配点按块随机选取方法具体如下:首先,在第一幅图像中计算匹配点坐标的最大值和最小值,并据此把第一幅图像中包含匹配点的部分平均分成 $b \times b$ 块,如图 5.27 所示,假设此时 $b = 4$,其中,有的块中有匹配点,而有的块中没有,必须去掉这些没有匹配点的块;其次,在第一幅图像中随机选取 4 个互不相同的块;最后,在这 4 块的每块中随机选取一个点,共得到 4 对分布比较均匀的匹配点。用这样的 4 对匹配点计算出的基本矩阵比较稳定、准确。

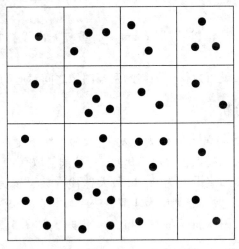

图 5.27　图像匹配点选取示意图

RANSAC 方法要求随机样本集中匹配点对的数量和求取模型参数所需匹配点对的数量相等。这样,每次选择一个随机样本集,算法都要寻找此样本对应模型的支撑集。对于观测数据较大的基本矩阵计算而言,每次确定支撑集都要将所有观测数据点检测一遍,计算量很大。改进的 RANSAC 方法让选择的随机样本集的数量比求取模型参数所需匹配点对的数量多一个,先利用这 $n + 1$ 样本中的 n 个数据确定模型的参数,找到临时模型,然后检测第 $n + 1$ 个样本是不是在临时模型上,如果不是,重新选择一个随机样本集(第 $n + 1$ 个样本);如果是,则此临时模型为候选模型,算法继续寻找此候选模型的支撑集。如果支撑集数量足够大,候选模型即为所寻找的目标模型。否则,重选随机样本集。

对于给定的 n 对原始匹配点 $\{(p_i, p_i') \mid i = 1, \cdots, n\}$,改进的 RANSAC 算法步骤如下。

① 样本空间中有 n 个匹配点对,随机样本集中需要有 5 个点对来确定模型。

② 由随机样本集 $S(S_1, S_2, \cdots, S_9)$,得到候选模型 $F(F_1, F_2, \cdots, F_8)$。

③ 检测第 5 个点是否为候选基本矩阵的支撑集。如结果为否,重新选 5 对匹配点,继续以上进程;如结果为是,则此临时模型 F 为候选模型 F,对 F 计算所有匹配点的对极距离。

④ 由 F 及其对极距离阈值 L，检测所有匹配点对，得到候选模型 F 的支撑集：$M(m$ 对$)$。

⑤ 检测是否 $m \geqslant$ 阈值 T。如结果为否，重新选 5 对匹配点，继续从①开始；如结果为是，则得到目标模型 F。

⑥ 进一步，以一致集 M 中 m 对匹配点对目标模型的参数 F 进行优化，得到优化后的模型 F'。

⑦ 每随机选点一次，设计数器 count + 1，重复 k 次没有找到模型参数，程序终止。

经过这样的算法，就可以得到最终的两幅图像之间对应的匹配点集。

5.4.7 仿真分析

使用 MATLAB6.5 与 VC6.0 作为开发平台，为了便于比较以及显示方便，设置参数如下：归一化相关匹配大小设定为 9×9；特征阈值取 0.41，以产生较少的特征点；RANSAC 算法距离阈值设定为 0.01，最大迭代次数设置为 1000 次。并且，如果匹配误差大于 1.2 个像素点则认为匹配算法失败。实验仍然采用无人飞行器在空中拍摄的航拍图像，图像间存在平移和旋转的复合，如图 5.28 所示。

图 5.28　存在平移和旋转复合关系的航拍图像

使用相位相关法估算两幅航拍图像之间的大致重叠区域。图 5.29(a)中箭头显示了两幅图像使用相位相关法计算后得到的冲激函数的位置，即获得初步平移参数的大小，图 5.29(b)得到两幅图像的大致重叠的位置。得到两幅航拍图像大致的重叠范围后，只需要在重叠区域中进行 SIFT 特征提取即可。

图 5.30 是使用相位相关法后，在粗略重叠区域中使用 SIFT 算法提取特征点的检测结果，从中可以看到有少量的特征点存在错误的提取。最后，使用了改进的 RANSAC 算法去掉错误配准点后得到图像间的特征配准结果，如图 5.31 所示。从图中可以看到，航拍图像中带有较多的重复性事物，但是算法能够很好地区分重复性纹理，最终错误的配准点已经被消除，匹配点匹配正确。

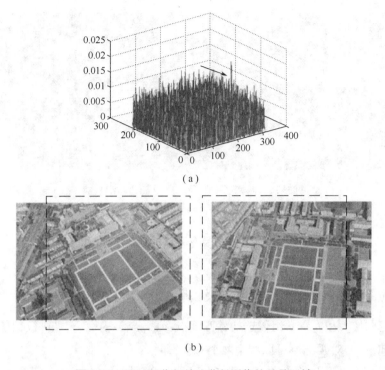

(a)

(b)

图 5.29　通过相位相关法获得图像的重叠区域

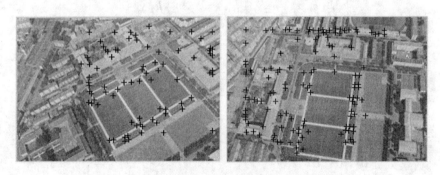

图 5.30　使用 SIFT 提取的两幅图像间匹配特征点对

实验平台为一台配置为中央处理器 1.56GHz,内存 512M 的计算机,对上述两幅图像进行实验,图像大小均为 800×600,使用 MATLAB 编写程序进行计时。

对于无人飞行器在俯冲情况下形成的序列图像,由于无人飞行器机载相机最小拍摄间隔为 0.03s,经实验验算表明,飞行器即使在俯冲情况下,在 0.15s 时间间隔内拍摄的序列图像,图像之间形成的缩放关系较小,频率域方法仍然能使用。

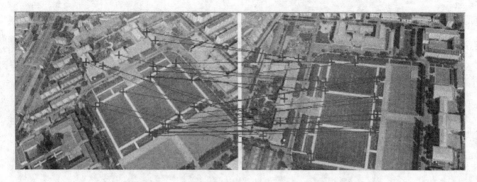

图 5.31　两幅图像的最后对应正确匹配点对

5.5　图像的拼接方法

5.5.1　图像变换与配准误差计算

给定图像 f_1 和 f_2 及 n 组候选初始匹配点：$\boldsymbol{p}(x_i, y_i) \Leftrightarrow \boldsymbol{p}'(x_i', y_i')$，根据仿射矩阵公式可知，每一对匹配点可以产生两个方程，即

$$x_i'(h_{31}x_i + h_{32}y_i + h_{33}) = h_{11}x_i + h_{12}y_i + h_{13} \tag{5.40}$$

$$y_i'(h_{31}x_i + h_{32}y_i + h_{33}) = h_{21}x_i + h_{22}y_i + h_{23} \tag{5.41}$$

代入 4 对不共线的匹配点，得到 8 个方程，即

$$\begin{pmatrix} x_1 & y_1 & 1 & 0 & 0 & 0 & -x_1'x_1 & -x_1'y_1 \\ 0 & 0 & 0 & x_1 & y_1 & 1 & -y_1'x_1 & -y_1'y_1 \\ x_2 & y_2 & 1 & 0 & 0 & 0 & -x_2'x_2 & -x_2'y_2 \\ 0 & 0 & 0 & x_2 & y_2 & 1 & -y_2'x_2 & -y_2'y_2 \\ x_3 & y_3 & 1 & 0 & 0 & 0 & -x_3'x_3 & -x_3'y_3 \\ 0 & 0 & 0 & x_3 & y_3 & 1 & -y_3'x_3 & -y_3'y_3 \\ x_4 & y_4 & 1 & 0 & 0 & 0 & -x_4'x_4 & -x_4'y_4 \\ 0 & 0 & 0 & x_4 & y_4 & 1 & -y_4'x_4 & -y_4'y_4 \end{pmatrix} \begin{pmatrix} h_{11} \\ h_{12} \\ h_{13} \\ h_{21} \\ h_{22} \\ h_{23} \\ h_{31} \\ h_{32} \end{pmatrix} = \begin{pmatrix} x_1' \\ y_1' \\ x_2' \\ y_2' \\ x_3' \\ y_3' \\ x_4' \\ y_4' \end{pmatrix} \tag{5.42}$$

理想情况下，利用求解线性方程组的方法求解即得到 H 的 8 个独立的未知参数，但在实际计算过程中由于噪声、角点定位误差、模型误差、错配等因素的存在，往往需要代入 10 对以上匹配点坐标，然后利用最小二乘法求解。

将匹配点扩展为 $\boldsymbol{p}(x_i, y_i, 1) \Leftrightarrow \boldsymbol{p}'(x_i', y_i', 1)$，可改写为如下的线性齐次方程为

$$\boldsymbol{u}_i^{\mathrm{T}} \boldsymbol{h} = 0 \tag{5.43}$$

其中,$\boldsymbol{u}_i=[x_ix_i',y_ix_i',x_i',x_iy_i',y_iy_i',y_i',x_i,y_i,1]$,$\boldsymbol{h}=[h_{11},h_{12},h_{13},h_{21},h_{22},h_{23},h_{31},h_{32},h_{33}]^{\mathrm{T}}$。

对于这 8 个独立参数,如果点匹配点数 $n=8$,可以在相差倍数为一个常数因子的意义下求出基本矩阵。通常,匹配点数目 $n>8$,而且由于匹配点误差的存在,使 $\boldsymbol{p'}_i^{\mathrm{T}}\boldsymbol{H}\boldsymbol{p}_i\neq0$ 因此,可定义如下余差 r_i,用以表征偏差的大小,即

$$r_i=|\boldsymbol{p'}_i^{\mathrm{T}}\boldsymbol{H}\boldsymbol{p}_i| \tag{5.44}$$

这时,可以用最小二乘法求解如下使余差为最小的无约束最优化问题:

$$\min_F\sum_{i=1}^n(\boldsymbol{p'}_i^{\mathrm{T}}\boldsymbol{H}\boldsymbol{p}_i)^2=\min_F\sum_{i=1}^nr_i^2 \tag{5.45}$$

根据基本矩阵的定义,所有的解向量 $\boldsymbol{f}$ 之间只差一个未知系数。为了避免多余解的出现,可以加一个约束条件 $\|\boldsymbol{f}\|=1$,即

$$\min_f\|\boldsymbol{Uf}\|^2,\text{且 }\|\boldsymbol{f}\|=1$$

上述方程的最优解是 $\boldsymbol{U}^{\mathrm{T}}\boldsymbol{U}$ 对应的最小特征值的特征向量,求解的最好方法就是奇异值分解(Singular Value Decomposition,SVD)。

根据极线的几何应用特性,用两匹配点偏离各自对应极线的距离之和,即平均几何配准误差 E_n 来表征偏差特征量更为合理,平均几何配准误差是衡量配准算法精度的一个重要指标。

5.5.2 图像变换插值

由于数字图像是客观连续世界的离散化采样,变换后图像的灰度值的坐标就不再是整数值,并且会产生一些空白的采样点,如果要得到这些点上的灰度值时,就需要利用采样点(已知像素)的插值方法以获取非整数坐标点的像素值,这个过程也称为重采样。重采样的像素灰度是根据它周围原像素的灰度按一定的函数插值得到的,图像变形正是通过图像像素位置的内插来产生新的图像。

灰度级插值的实现方法有前向插值和后向影射法两种。向前映射法,也称为像素移交,就是将一个输入像素映射到四个输出像素之间的位置,其灰度值按插值算法在四个像素之间进行分配,如图 5.32 所示。

向后映射法,也称为像素填充,就是将输出像素映射到四个输入像素之间,其灰度值由灰度插值决定,如图 5.33 所示。向后空间变换是向前空间变换的逆。

输入图像的像素在空间变换后可能会映射到输出图像的边界以外,此时采用向前映射算法有些浪费。而且每个输出像素的灰度值可能由许多输入像素的灰度值来决定,涉及到多次运算。而后映射法是逐个像素、逐行地产生输出图像,每个像素的灰度值最多由四个输入像素的灰度值经过插值唯一确定。通常采用向后映射法来确定与输出图像各像素相关的输入图像的像素,然后利用插值法计算出输

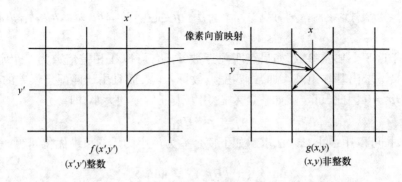

图 5.32　向前映射算法

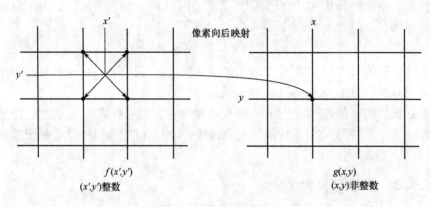

图 5.33　向后映射算法

出图形的像素,构成输出图像。

下面介绍三种常用的插值方法:最近邻插值、双线性插值和双三次插值法。

(1)最近邻域插值法(Nearest Neighbor Interpolation)是最简单的一种插值方法。该方法直接取插值点 $p(x,y)$ 的灰度值与其最邻近点 (x_N,y_N) 的灰度值相同,即

$$g(x,y) = g(x_N,y_N) \tag{5.46}$$

式中:$x_N = \mathrm{INT}(x+0.5)$;$y_N = \mathrm{INT}(y+0.5)$;INT 是取整函数。

最近邻插值法的本质就是放大像素,计算速度很快,其缺点是会产生锯齿。

(2)与最近邻插值法不同,双线性插值(Bilinear Interpolation)利用四个邻近点的灰度值来得到插值点的灰度。双线性函数定义为

$$z = f(x,y) = q_1 + q_2x + q_3y + q_4xy \tag{5.47}$$

式中:z 是点 (x,y) 的灰度值;q_1,q_2,q_3,q_4 是权重信息。

(3)双三次插值法用一个三次样条函数为插值核,即

116

$$W(x) = \begin{cases} 1 - 2x^2 + |x|^3, 0 \leqslant |x| \leqslant 1 \\ 4 - 8|x| + 5x^2 - |x|^3, 1 \leqslant |x| \leqslant 2 \\ 0, 2 \leqslant |x| \end{cases} \quad (5.48)$$

如图 5.34 所示,任意像素点 $p(x,y)$ 位于 16 个采样点之间,插值得到其灰度值为

$$g(x,y) = \sum_{i=1}^{4} \sum_{j=1}^{4} W_{i,j} g_{i,j} \quad (5.49)$$

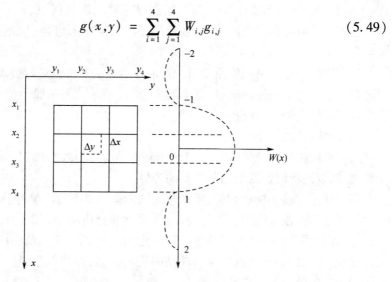

图 5.34 双三次卷积法

以上三种方法以最近邻域插值法最为简单,计算速度快但精度较差。双三次插值法采样中误差约为双线性内插的 1/3,但计算工作量大,较费时。此外,目前还存在很多其他的插值方法,如 B 样条插值等。这些插值方法在获得更高的精度的同时,计算复杂性也随之提高。

5.5.3 图像的融合研究

当把图像投影变换到基准图像上之后,由于通过图像整合得到的整合图像中不可避免地存在着程度不同的整合边界,这就需要接下来使用某种算法对重叠区域的图像进行融合,使整合后的图像能从一幅图像光滑地过渡到另一幅图像的区域中。图像融合算法的好坏将直接关系到合成图像的清晰度。

1. 常用的图像融合方法

目前存在很多重叠区域图像融合的方法,现介绍最常用的三种。

1) 直接平均值法

令 $I_1(x,y)$, $I_2(x,y)$ 和 $I(x,y)$ 分别表示第一幅图像、第二幅图像和融合图像

117

在点(x,y)处的像素值,则融合图像中各点的像素值按下式确定,即

$$I(x,y) = \begin{cases} I_1(x,y), (x,y) \in R_1 \\ \dfrac{1}{2}(I_1(x,y) + I_2(x,y)), (x,y) \in R_2 \\ I_2(x,y), (x,y) \in R_3 \end{cases} \quad (5.50)$$

式中:R_1表示第一幅图像中未与第二幅图像重叠的图像区域;R_2表示第一幅图像与第二幅图像重叠的图像区域;R_3表示第二幅图像中未与第一幅图像重叠的图像区域。

该方法的思想是将图像重叠区域对应像素点的灰度值进行叠加再求平均。这种融合方法的特点是使用简单、算法速度很快,但是效果一般不能令人满意,会在接缝处产生较强的不连续感。

2) 线性加权平滑法

为了要使拼接区域平滑,提高图像质量,可以采用线性加权平滑算法,使颜色逐渐过渡,以避免图像的模糊和明显的边界。

该方法与直接平均法相似,但重叠区域的像素值不是简单的叠加平均,而是加权叠加再平均。该方法的主要思想是:在重叠部分由前一幅图像慢慢过渡到第二幅图像,即将图像重叠区域的像素值按一定的权值相加合成新的图像。对于每帧图像来说,图像中心区域的像素有较高的贡献权值,而图像边缘区域权值较低,从而降低了接缝处的不连贯感。

3) 多分辨率法

多分辨率法采用拉普拉斯多分辨率金字塔结构。该方法首先将图像分解成一系列具有不同分辨率的子带图像,然后在各层子空间上将图像重叠边界附近进行加权平均,最后使用重构算法合成出原分辨率下重叠区域的图像。在每个子空间上,加权函数的系数以及颜色融合区域的大小,是由两幅图像的图像特征在该子空间的差异决定的。该方法一方面可以有效的保持细节信息不在融合时被平滑掉,另一方面使得图像低频信息可以很好地实现平滑过渡,其镶嵌后的图像背景较为连贯。

该方法涉及到了高斯金字塔和拉普拉斯金字塔的构造问题,因此是一种基于塔型结构的颜色融合算法。虽然该方法质量高,但算法计算工作量大,计算时间过长,不适宜在一般的图像拼接中使用。

2. 基于加权平滑的改进融合算法

改进的加权平滑融合算法对图像进行融合。对重叠区域采用简单的加权平滑融合算法,经过处理后消除了明显的边界痕迹,但是如果图像重叠部分的边界也会因为加权平滑算法而变得模糊,为了进一步提高融合的实际效果。通过引入一阈

值 E 来控制两幅图像重叠区域对应像素灰度值的差异,通过差异的大小选择合适的阈值,就可以改善重叠区域的平滑效果。

使用如下的改进的算法去融合图像,即

$$I(x,y) = \begin{cases} I_1(x,y), (x,y) \in R_1 \\ I_1(x,y) \mid I_1 - I_2 \mid > E, W_1(x) > W_2(x), (x,y) \in (I_1 \cap I_2) \\ W_1(x)I_1(x,y) + W_2(x)I_2(x,y) \mid I_1 - I_2 \mid < E, (x,y) \in (I_1 \cap I_2) \\ I_2(x,y) \mid I_1 - I_2 \mid > E, W_1(x) < W_2(x), (x,y) \in (I_1 \cap I_2) \\ I_2(x,y), (x,y) \in R_2 \end{cases}$$

$$(5.51)$$

式中:R_1 表示第一幅图像 I_1 中未与第二幅图像 I_2 重叠的图像区域;R_2 表示第二幅图像 I_2 中未与第一幅图像 I_1 重叠的图像区域。这样做可以针对差异的大小选择合适的阈值,同时适用权重信息避免灰度值出现跳变。

3. 影响图像合成清晰度几个因素

能否生成高质量的合成图像是判断配准与镶嵌算法好坏的重要依据。由于多种因素的存在,图像重叠区域内分别处于相邻两幅图像的两个对应点并不一定能很好的重合在真实的场景点。将影响图像合成清晰度的主要因素概括如下。

(1)配准误差的存在。当配准误差较大时,两幅图像映射后的点不能够完全重合。

(2)相机模型误差。镜头存在径向失真等畸变,而且会受到成像噪声的干扰。尤其是当使用短焦拍摄的时候,镜头畸变的影响会更为明显。

(3)视差。视差存在的原因是相机在拍摄过程中发生了移动,或者所拍摄的景物较近。

(4)白平衡与曝光差异。当使用相机拍摄时,相机会根据景物和光线去测光,然后自动调整曝光、白平衡参数。如果待拼接的两幅图像存在较大的白平衡和曝光差异,其色彩和亮度会相差较大。此时无论使用何种方法融合,都会产生明显的色彩不连贯感。

(5)运动物体的存在。当需要拼合的图像重叠区域含有运动物体时,即使此时图像大背景、主运动已被良好地配准,这些独立运动物体的存在将会使得最终融合的图像产生重影,甚至同一个物体在拼接后的图像中会出现两次。

5.5.4 图像拼接方式

图像拼接是对多幅图像组成的图像序列进行操作的技术,由于在拍摄图像序列过程中环境条件的变换以及拍摄设备的运动等因素,相邻的图像之间会存在一定的变换关系,而相邻的图像只有变换到一致的坐标系下才能拼接成一幅全景图像。

通过配准,每幅图像上的每一点可以变换到全局帧中的一个点。所有图像集合和对应矩阵集合组成了全局场景的拼接表示。为了真正地表示一幅拼接的图像,必须做进一步的变换,即将全局帧中的点投影到拼接图像上。几种较常见的投影模型为:平面投影(Planar Projection)、圆柱投影(Cylindrical Projection)、球面投影(Spherical Projection),以及 Peleg 的流形投影(Manifold Projection)。

根据图像序列坐标系变换方式的不同,图像拼接的方式可分为以下四种:帧到帧的合成方式、帧到拼接图像的合成方式、拼接图像到帧的合成方式及拼接图像到拼接图像的合成方式。

1)帧到帧的合成方式

帧到帧的合成方式也称为静态图像拼接技术,采用批处理的方式将图像序列中的所有图像同时变换到同一坐标系上进行配准,然后选取不同的时空滤波器进行图像的拼合以获取拼接图像。静态图像拼接技术中的"静态"并非指场景是静止不动的,而是指拼接过程中的参考坐标系是固定的,场景中允许存在运动目标。这里的坐标系可以由用户指定或按照一定的规则自动选取,但在拼接过程中坐标系是固定不变的。由静态图像拼接技术得到的拼接图像,其中的运动目标可能消失。

该方式首先计算出图像序列中相邻图像帧之间的变换参数,然后根据这些变换参数计算出图像序列中任意两幅图像间的变换参数。若选择图像序列中的某一图像帧作为参考图像,则图像序列中的其他图像帧可以通过先前计算出来的与参考图像间的变换参数变换到参考图像坐标系中,从而实现图像的拼接。若选择一个虚拟的坐标系统,则需要知道该虚拟坐标系与图像序列任意一幅图像帧的坐标系之间的变换参数,根据图像序列中各帧与参考图像帧(即与虚拟坐标系间变换参数已知的图像帧)间的变换参数,用组合变换的方式实现图像的拼接。

图 5.35 是帧到帧合成方式的示意图,这里 f_3 为参考图像帧,则图像 f_1 到 f_3 的变换矩阵 M_{13} 是由 f_1 到 f_2 的变换矩阵 M_{12} 和 f_2 到 f_3 的变换矩阵 M_{23} 组合而成,同理 $M_{(n)3}$ 由 M_{34},M_{45},$\cdots$,$M_{(n-1)n}$ 组合而成。

2)帧到拼接图像的合成方式

采用帧到帧的合成方式进行图像拼接时,配准参数的连续组合会造成累计误差,因此,人们提出了帧到拼接图像的拼接方式。

帧到拼接图像的合成方式也称为动态图像拼接技术,采用增量处理的方式,将待拼接的图像帧与拼接图像(由当前待拼接的图像帧前面的一段图像序列拼接而成)变换到同一坐标系上进行配准,以当前图像帧的内容来更新拼接图像的内容。

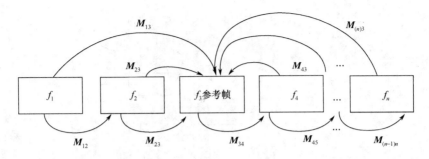

图 5.35 帧到帧合成方式

采用帧到拼接图像的合成方式,在拼接图像与当前图像帧之间存在较大位移的情况下,可以将前一帧图像与拼接图像间的配准参数作为初始值进行配准。由于这种方式是将图像序列中的图像逐幅变换到拼接图像所在的坐标系上进行配准,因此坐标系保持不变。由于采用了增量的拼接方式,当场景中存在运动目标时,利用动态图像拼接技术获得的拼接图像不会出现运动目标消失的现象。增量的拼接方式会导致拼接的图像缺乏随机访问的性能,因此不适合于视频检索、浏览及视频编辑等领域。帧到拼接图像合成方式如图 5.36 所示,这里 f_1 为参考图像帧。

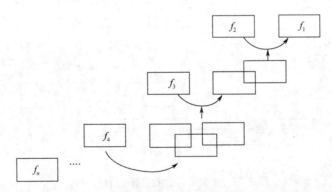

图 5.36 帧到拼接图像合成方式

3）拼接图像到帧的合成方式

拼接图像到帧的合成方式是以当前图像帧所处的坐标系为基准坐标系,将拼接图像与当前图像帧进行配准,拼接图像与当前帧之间的变换参数等于前一帧图像与当前帧图像之间的配准参数。由于是将拼接图像变换到当前图像帧所在的坐标系上进行配准,因此坐标系是不断变化的。由于当前传输的图像帧无需进行坐标变换,所以拼接图像到帧的合成方式特别适合于实时视频传输和动态的图像拼接。如图 5.37 所示是拼接图像到帧合成方式示意图。

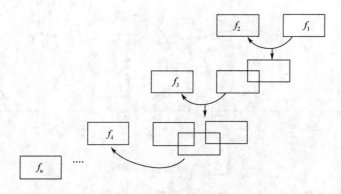

图 5.37　拼接图像到帧合成方式

4）拼接图像到拼接图像的合成方式

为了进一步减小图像拼接的累计误差,人们提出了树形拼接的合成方式。树形拼接的合成方式将图像序列按照一定的规则进行分段,各段图像以一定的拼接方式拼接成子拼接图像,最后将各子拼接图像配准合成最终的拼接图像。

如图 5.38 所示是拼接图像到拼接图像合成方式示意图。

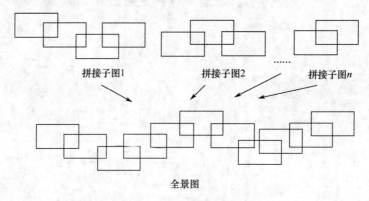

图 5.38　拼接图像到拼接图像合成方式

由于图像较多,为了最大限度地减少累计误差,本文采用拼接图像到拼接图像的合成方式来拼接图像。

5.5.5　仿真分析

以无人飞行器为例。无人飞行器顺序航拍的图像进行图像拼接实验。拍摄时,无人飞行器以 50m/s 的速度进行向前的平飞航拍,图像的拍摄间隔为 0.5s,共拍摄 32 张图像,大小为 640×480,如图 5.39 所示,排列的依次顺序是从左到右,从上到下。这些航拍图像的拼接过程主要是基于仿射变换的图像变换,其过程如下:

通过 FFT – SIFT 算法确定源图像变换后所占重叠区域的边界并初步提出对应特征点集;通过改进的 RANSAC 算法得到正确的匹配特征点;通过坐标变换确定源图像的四个顶点变换后的坐标;通过插值技术获取变换后的新图像;通过树状的拼接方式对图像进行拼接。

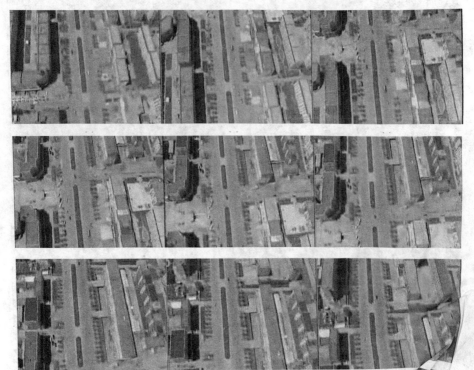

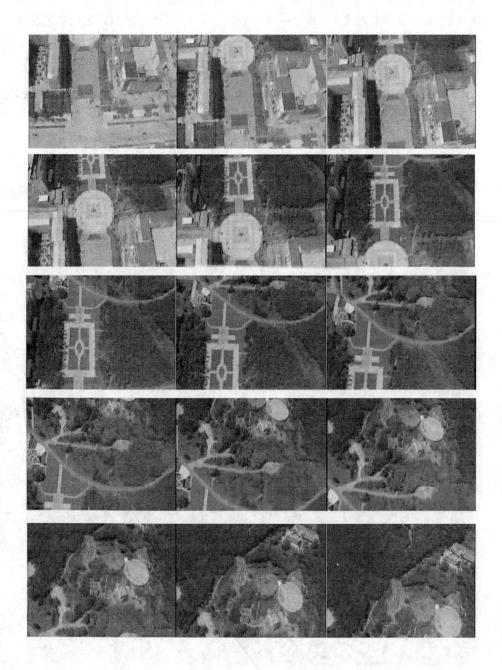

124

通过 FFT – SIFT 算法确定源图像变换后所占重叠区域的边界并初步提出对应特征点集;通过改进的 RANSAC 算法得到正确的匹配特征点;通过坐标变换确定源图像的四个顶点变换后的坐标;通过插值技术获取变换后的新图像;通过树状的拼接方式对图像进行拼接。

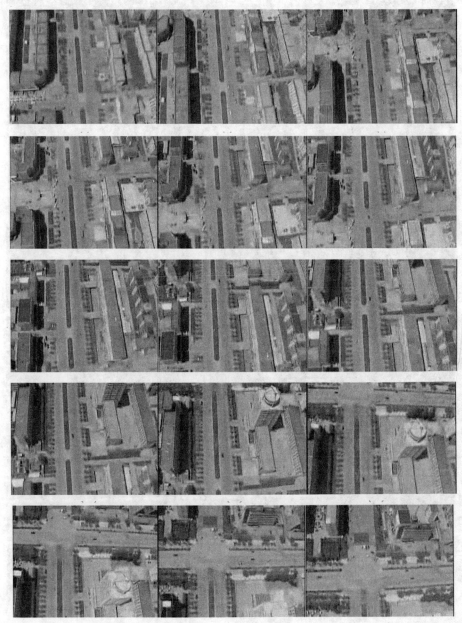

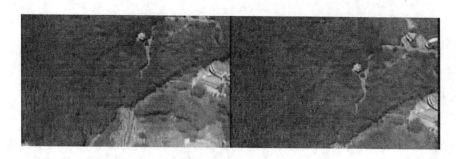

图 5.39　无人飞行器航拍的序列图像

最后的初步图像拼接结果如图 5.40(a)所示,但是可以看到初步的拼接结果中图像的拼接处存在较为严重的锯齿现象,为了消除这个现象,使用本书提出的基于加权平滑的改进融合算法对拼接图像进行融合,在图 5.40(b)中可以看到,图像的锯齿现象被基本消除了,拼接结果正确且图像边缘处过渡自然。

(a)　　　　　　　　　　(b)

图 5.40　航拍图像的拼接融合结果对比

5.6 基于光流场的动目标信息提取技术

5.6.1 光流场

5.6.1.1 透视投影模型下的图像场

发生在三维空间中的运动可以用运动场（Motion Field）来描述。用大地坐标系来建立运动场，则可以唯一确定空间中任意一点 $P_0(x_0,y_0,z_0)^{\mathrm{T}}$ 及其瞬间的速度 v_0。在经过 δt 时间后，该点将确定地运动至 $P_0' = P_0 + v_0\delta t$。在透视投影坐标系下，图像上的对应点 P_i 将运动至 $P_i' = P_i + v_i\delta t$，如图 5.41 所示。

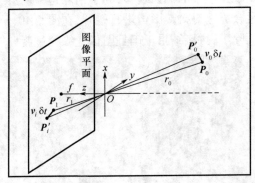

图 5.41　透视投影下的图像场与运动场的关系

图中运动场的速度 v_0 是 P_0 点位置向量的时间倒数，而图像场的速度 v_i 也是同理，则

$$v_0 = \frac{\mathrm{d}r_0}{\mathrm{d}t}, \ v_i = \frac{\mathrm{d}r_i}{\mathrm{d}t} \tag{5.52}$$

由透视投影关系可知，r_0 和 r_i 的关系是

$$\frac{r_i}{f} = \frac{r_0}{\langle r_0,\hat{z}\rangle} \tag{5.53}$$

式中：$\hat{z}$ 表示 z 轴的单位向量；$\langle r_0,\hat{z}\rangle$ 表示 r_0 在 z 轴的投影长度。联立式（5.52）和式（5.53）得

$$v_i = \frac{f}{\langle r_0,\hat{z}\rangle}v_0 \tag{5.54}$$

从图像场的角度出发，在外界的运动对应于图像上亮度模式的运动。光流就是图像亮度模式的表观运动。三维空间中的运动将通过透视投影成像模型投射在二维的图像平面上，因此常常取定图像平面上的直角坐标系 $O_ix_iy_i$ 分别衡量图像

上各个像元点的运动情况,则光流矢量被定义为

$$\boldsymbol{v}_i = (\dot{x}_i, \dot{y}_i)^{\mathrm{T}} \tag{5.55}$$

式中,$\dot{x}_i$ 和 $\dot{y}_i$ 分别是像元点在两轴方向的变化率,在数字图像中,用像素作为度量单位。

5.6.1.2　球面屈光成像模型下的图像场

现以此成像模型为基础,构建球面屈光投影模型下的图像场与运动场的关系。如图 5.42 所示,使用光轴坐标系 $O_a r_a \theta_a \varphi_a$ 来建立运动场,则可以确定空间中任意一点 $\boldsymbol{P}_0(r_0, \theta_0, \varphi_0)^{\mathrm{T}}$ 经过 δt 时间后,运动至 $\boldsymbol{P}_0{}'(r_0{}', \theta_0{}', \varphi_0{}')^{\mathrm{T}}$ 点。

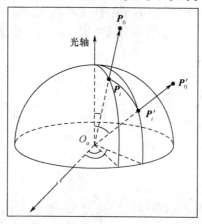

图 5.42　球面屈光成像模型下的图像场与运动场的关系

现定义球面坐标系下与主轴之间的夹角 θ 称为轴角,与初始平面之间的夹角 φ 称为方向角。定义轴角对时间的导数为轴角速度,记做 $\dot{\theta} = \partial\theta/\partial t$。定义方向角对时间的导数为方向角速度,记做 $\dot{\varphi} = \partial\varphi/\partial t$。则空间中任意一点的运动都可以描述为

$$\theta_0{}' = \theta_0 + \dot{\theta} \cdot \delta t, \varphi_0{}' = \varphi_0 + \dot{\varphi} \cdot \delta t \tag{5.56}$$

这里还需要定义球面图像场的概念,球面图像场不同于球面图像,不是最终成像的图像平面,而是球面屈光成像模型下的亮度模式在屈光球面的分布。引入光轴坐标系 $O_a r_a \theta_a \varphi_a$,该场所处的曲面是一个球心位于坐标系原点 O_a 的单位球,并且只取光轴正向的半球部分,即

$$r \equiv 1, \theta \in [0, \pi/2], \varphi \in [0, 2\pi] \tag{5.57}$$

式中任意一点都可以通过轴角 θ 和方向角 φ 唯一确定。

在球面图像场中,空间中点相对观察者的绝对距离信息被消除了,但其相对观察者的绝对方位信息却得到了保留。外界环境中的各种运动在这样的观察体系中

看来,就像是单纯的方位变动。因此,定义球面图像场中的光流矢量为

$$\boldsymbol{q}_a = (\dot{\theta}_a, \dot{\varphi}_a)^T \qquad (5.58)$$

式中,$\dot{\theta}_a$ 和 $\dot{\varphi}_a$ 分别是方向速度和轴角速度,一般使用角度制或者弧度制的复合单位。这是球面图像场中求解光流向量的物理含义。

5.6.2 球面光流场

5.6.2.1 球面光流场基本约束方程

在球面光流中,主要使用黎曼流形进行表达。如图 5.43 所示,是 3 种流形的示意图:图 5.43(a)是二维欧氏空间下一任意弯曲的曲面;图 5.43(b)是一个曲率恒为 1 的有限球面;图 5.43(c)是一个曲率恒为 0 的无限平面。

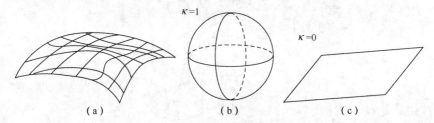

图 5.43 各种流形

黎曼流形下的光流探测问题可以描述为,使

$$\langle \nabla_{Mt} \hat{f}, \boldsymbol{v} \rangle = 0 \qquad (5.59)$$

成立。该方程就是黎曼流形下的光流场基本约束方程。

5.6.2.2 黎曼空间中的梯度约束

下面将介绍里黎曼流形中的 HS 约束(M – HS 约束)以及 M – LK 约束。

1. M – HS 约束

M – HS 约束是全局的一阶平滑,平面流形该约束的能量函数如下

$$J_{HS} = \int_{\Omega} (I_x \dot{x} + I_y \dot{y} + I_t)^2 + \alpha(|\nabla \dot{x}|^2 + |\nabla \dot{y}|^2) \qquad (5.60)$$

已知平面流形的度规张量 $M = \mathrm{diag}(1,1)$,则有

$$M^{-1} \nabla_M = \left(\frac{\partial}{\partial x}, \frac{\partial}{\partial y}\right)^T, \quad \nabla_{Mt} = \left(\frac{\partial}{\partial x}, \frac{\partial}{\partial y}, \frac{\partial}{\partial t}\right)^T \qquad (5.61)$$

现假定一般性的二维黎曼空间,令 y_1、y_2 分别是空间的两个维度。定义 $\dot{y}_1$、$\dot{y}_2$ 分别是两个维度上的速度,定义 $\boldsymbol{v} = (\dot{y}_1, \dot{y}_2, 1)^T$,其中。为此,HS 约束的能量函数可以用哈密顿算子表示,即

$$J_{HS} = \int_M |\langle \nabla_{Mt} I_M, \boldsymbol{v} \rangle|^2 \mathrm{d}m + \alpha \int_M (|\nabla_{Mt} \dot{y}_1|^2 + |\nabla_{Mt} \dot{y}_2|^2) \mathrm{d}m \qquad (5.62)$$

128

2. M – LK 约束

M – LK 是加权最小平方假设的一类约束形式,平面流形下该约束的能量函数如下

$$J_{LK} = \int_{\Omega} W^2 \times (I_x \dot{x} + I_y \dot{y} + I_t)^2 \qquad (5.63)$$

LK 约束的能量函数可以用哈密顿算子表示,即

$$J_{LK} = \iint_{\Omega M} W^2 |\langle \nabla_{Mt} I_M, \boldsymbol{v} \rangle|^2 \mathrm{d}m \qquad (5.64)$$

综上,通过将传统光流场看成平面黎曼流形,得到了黎曼流形下的三种基于时空梯度的约束算法的能量函数。

5.6.3 光流场分布

5.6.3.1 观察者运动的自平移光流场分布

视观察者为一个刚体,其上点集表示为 $\boldsymbol{P}_i(i \in N^*)$。则自平移运动的结果可以表示为

$$\boldsymbol{P}_i + \boldsymbol{T} = \boldsymbol{P}_i' \qquad (5.65)$$

其中,$\boldsymbol{T}$ 是观察者的位移向量,$\boldsymbol{P}_i'$ 是经过自平移后观察者对应的点集。场景中的一点 $\boldsymbol{Q}$ 相对于大地坐标系的坐标保持不变,记其在大地坐标系下的坐标为 $\boldsymbol{Q}(x_Q, y_Q, z_Q)^{\mathrm{T}}$。观察者采用光轴坐标系 $O_a x_a y_a z_a$,原点 O_a 相对于大地坐标系的坐标记为 $(x_{O_a}, y_{O_a}, z_{O_a})^{\mathrm{T}}$。则经过平移 $\boldsymbol{T}$ 后,光轴坐标系的原点移至 $(x_{O_a}, y_{O_a}, z_{O_a})^{\mathrm{T}} + \boldsymbol{T}$。则 $\boldsymbol{Q}$ 点相对于光轴坐标系在平移发生前后的坐标分别是

$$(x_{Qa}, y_{Qa}, z_{Qa})^{\mathrm{T}} = (x_Q - x_{O_a}, y_Q - y_{O_a}, z_Q - z_{O_a})^{\mathrm{T}} \qquad (5.66)$$

$$(x_{Qa}', y_{Qa}', z_{Qa}')^{\mathrm{T}} = (x_Q - x_{O_a}, y_Q - y_{O_a}, z_Q - z_{O_a})^{\mathrm{T}} - \boldsymbol{T} \qquad (5.67)$$

即

$$\boldsymbol{Q}' = \boldsymbol{Q} - \boldsymbol{T} \qquad (5.68)$$

当观察者相对大地坐标系发生了一个 $\boldsymbol{T}$ 的自平移后,光轴坐标系中的景物整体发生 $-\boldsymbol{T}$ 的位移。假设在光轴坐标系中自平移的速度为 $\boldsymbol{v}(V, \theta_V, \varphi_V)^{\mathrm{T}}$,而观察视野中 $\boldsymbol{Q}$ 点是位于 $(\theta, \varphi)^{\mathrm{T}}$ 方向上的景物,其景深为 R,则该点的坐标为 $\boldsymbol{Q}(R, \theta, \varphi)^{\mathrm{T}}$。矢量加法不能简单的应用在球坐标系下,因此将光轴球坐标系 $O_a r_a \theta_a \varphi_a$ 转换至正交坐标系 $O_a - x_a y_a z_a$ 进行向量加法,即

$$\boldsymbol{T} = \boldsymbol{v} \cdot t = (Vt \cdot \sin\theta_V \cos\varphi_V, Vt \cdot \sin\theta_V \sin\varphi_V, Vt \cdot \cos\theta_V)^{\mathrm{T}} \qquad (5.69)$$

$$\boldsymbol{Q} = (R \cdot \sin\theta\cos\varphi, R \cdot \sin\theta\sin\varphi, R \cdot \cos\theta)^{\mathrm{T}} \qquad (5.70)$$

$$Q' = \begin{pmatrix} x(t) \\ y(t) \\ z(t) \end{pmatrix} = \begin{pmatrix} R(t) \cdot \sin\theta(t)\cos\varphi(t) \\ R(t) \cdot \sin\theta(t)\sin\varphi(t) \\ R(t) \cdot \cos\theta(t) \end{pmatrix} = \begin{pmatrix} R \cdot \sin\theta\cos\varphi \\ R \cdot \sin\theta\sin\varphi \\ R \cdot \cos\theta \end{pmatrix} - \begin{pmatrix} Vt \cdot \sin\theta_V\cos\varphi_V \\ Vt \cdot \sin\theta_V\sin\varphi_V \\ Vt \cdot \cos\theta_V \end{pmatrix}$$

(5.71)

由式(5.71)可得

$$\theta(t) = \cos^{-1}(f(t)) = \cos^{-1}\left(\frac{z(t)}{\sqrt{x(t)^2 + y(t)^2 + z(t)^2}} \right) \qquad (5.72)$$

$$\varphi(t) = \tan^{-1}(g(t)) = \tan^{-1}\left(\frac{y(t)}{x(t)} \right) \qquad (5.73)$$

式(5.72)和式(5.73)表达了移动 t 时间以后 Q' 点的轴角 θ 和方向角 φ 的具体数值。而由球面光流向量的定义可知,移动 t 时间以后 Q' 点的实际光流应该为

$$q(t) = (\dot{\theta}(t), \dot{\varphi}(t))^T = \frac{d}{dt}(\theta(t), \varphi(t))^T \qquad (5.74)$$

而由全微分的知识可知

$$\frac{d}{dt}f = \left(\frac{\partial}{\partial x} \cdot \frac{\partial x}{\partial t} + \frac{\partial}{\partial y} \cdot \frac{\partial y}{\partial t} + \frac{\partial}{\partial z} \cdot \frac{\partial z}{\partial t} \right)f \qquad (5.75)$$

则可得

$$\frac{d}{dt}\theta(t) = -\frac{1}{\sqrt{1 - f^2(t)}} \cdot \frac{1}{(x^2(t) + y^2(t) + z^2(t))^{1.5}} \cdot$$
$$\left(-x(t)z(t)\frac{dx(t)}{dt} - y(t)z(t)\frac{dy(t)}{dt} + (x^2(t) + y^2(t))\frac{dz(t)}{dt} \right)$$

(5.76)

$$\frac{d}{dt}\varphi(t) = \frac{1}{1 + g^2(t)} \cdot \left(-\frac{y(t)}{x^2(t)} \cdot \frac{dx(t)}{dt} + \frac{1}{x(t)} \cdot \frac{dy(t)}{dt} \right) \qquad (5.77)$$

则在 0 时刻 Q 点瞬时的角速度量为

$$\dot{\theta} = \frac{d}{dt}\theta(t) \bigg|_{t=0} = \frac{V}{R} \cdot (\sin\theta\cos\theta_V - \cos\theta\cos(\varphi - \varphi_V)\sin\theta_V) \qquad (5.78)$$

$$\dot{\varphi} = \frac{d}{dt}\varphi(t) \bigg|_{t=0} = \frac{1}{\sin\theta} \cdot \frac{V}{R} \cdot \sin(\varphi - \varphi_V)\sin\theta_V \qquad (5.79)$$

由此得到了自平移运动下光流场的分布。

5.6.3.2 观察者运动的自旋转的光流场分布

研究自旋转的光流场分布时,如图 5.44 所示,先使用速度坐标系 $O_m r_m \theta_m \varphi_m$ (或者 $O_m x_m y_m z_m$)对其进行研究。值得注意的是,这里定义角速度 ω 的方向是利用右手螺旋定则定义的。使速度坐标系 $O_m r_m \theta_m \varphi_m$ (或者 $O_m x_m y_m z_m$)的速度轴方向与角速度 ω 的方向重合。则这时,可以简单地得到场景中任意点 Q 的球面光流向

130

量为

$$\dot{\theta} \equiv 0, \dot{\varphi} \equiv -w \tag{5.80}$$

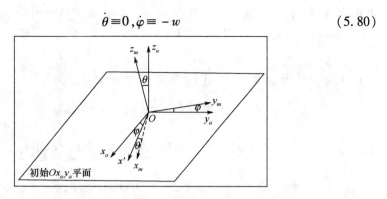

图 5.44　光轴坐标系至速度坐标系的转换

假设此时自旋转所绕轴的方位在光轴坐标系 $O_a r_a \theta_a \varphi_a$（或 $O_a x_a y_a z_a$）中为（θ_W, φ_W）^{T}。则可以采用坐标轴旋转的方式来求解自旋转在光轴坐标中的光流场分布。如图 5.44 所示，球面光流场所在的光轴坐标系 $O_a x_a y_a z_a$ 经过两次旋转变换后与速度坐标系 $O_m x_m y_m z_m$ 重合。首先，光轴坐标系 $O_a x_a y_a z_a$ 绕 $O_a z_a$ 轴逆时针旋转方向角度 φ_W 后得到中间过渡坐标 $Ox'y_m z_a$，此时的初等变换矩阵为

$$\boldsymbol{L}(\varphi_W) = \begin{bmatrix} \cos\varphi_W & \sin\varphi_W & 0 \\ -\sin\varphi_W & \cos\varphi_W & 0 \\ 0 & 0 & 1 \end{bmatrix} \tag{5.81}$$

其次，中间过渡坐标系 $Ox'y_m z_a$ 绕 Oy_m 轴逆时针旋转轴角度 θ_W 后得到速度坐标系 $O_m x_m y_m z_m$，此时的初等变换矩阵为

$$\boldsymbol{L}(\theta_W) = \begin{bmatrix} \cos\theta_W & 0 & -\sin\theta_W \\ 0 & 1 & 0 \\ \sin\theta_W & 0 & \cos\theta_W \end{bmatrix} \tag{5.82}$$

在光轴坐标系 $O_a x_a y_a z_a$ 中，视野任意一点 $\boldsymbol{Q}$ 的坐标在速度坐标系 $O_m x_m y_m z_m$ 中的坐标表示为

$$\boldsymbol{Q}_m = (x_m, y_m, z_m)^T = \boldsymbol{L}(\theta_W) \cdot \boldsymbol{L}(\varphi_W) \cdot \boldsymbol{Q} \tag{5.83}$$

自此，得到了速度坐标系 $O_m x_m y_m z_m$ 中任意一点的坐标。由相对运动的知识可知，自旋转运动引起坐标 $\boldsymbol{Q}_m$ 的变化可以看成是速度坐标系 $O_m x_m y_m z_m$ 绕 $O_m z_m$ 轴逆时针旋转角度 wt 得到的。则经过时间 t，速度坐标系 $O_m x_m y_m z_m$ 下的 $\boldsymbol{Q}_m$ 点将运动至 $\boldsymbol{Q}_m(t)$ 处，即

$$\boldsymbol{L}(wt) = \begin{bmatrix} \cos(wt) & \sin(wt) & 0 \\ -\sin(wt) & \cos(wt) & 0 \\ 0 & 0 & 1 \end{bmatrix} \tag{5.84}$$

$$\boldsymbol{Q}_m(t) = \boldsymbol{L}(wt) \cdot \boldsymbol{Q}_m \tag{5.85}$$

在确知自旋转运动下速度坐标系 $O_m x_m y_m z_m$ 中的各点经过时间 t 到达的位置后,将 $\boldsymbol{Q}_m(t)$ 转换回光轴坐标系下进行观察

$$\boldsymbol{Q}(t) = \boldsymbol{L}^{-1}(\varphi_W) \cdot \boldsymbol{L}^{-1}(\theta_W) \cdot \boldsymbol{Q}_m(t) \tag{5.86}$$

可以求得 $\boldsymbol{Q}(t)$ 的位置随时间的导数在 $t=0$ 时刻的值,即

$$\left. \frac{\mathrm{d}}{\mathrm{d}t} x(t) \right|_{t=0} = Rw \sin\theta \sin\varphi \cos\theta_W \tag{5.87}$$

$$\left. \frac{\mathrm{d}}{\mathrm{d}t} y(t) \right|_{t=0} = Rw(\cos\theta \sin\theta_W - \sin\theta \cos\varphi \cos\theta_W) \tag{5.88}$$

$$\left. \frac{\mathrm{d}}{\mathrm{d}t} x(t) \right|_{t=0} = -Rw \sin\theta \sin\varphi \sin\theta_W \tag{5.89}$$

在分析自平移运动时,得到了角变化率与正交坐标系下长度变化率的相互关系。可以得到光轴坐标系 $O_a r_a \theta_a \varphi_a$ 下的自旋转产生球面光流场的表达形式,即

$$\dot{\theta} = w \cdot \sin\varphi \sin\theta_W \tag{5.90}$$

$$\dot{\varphi} = \frac{1}{\sin\theta} \cdot w \cdot (\cos\theta \cos\varphi \sin\theta_W - \sin\theta \cos\theta_W) \tag{5.91}$$

由此得到了自旋转运动下光流场的分布。综上,求导出了光轴坐标系 $O_a r_a \theta_a$ φ_a 下球面光流场向量分布与两种基本自体运动形式的关系,这对于光流场的运动理解以及运动信息提取将起到理论基础的作用。

5.6.4 球面光流场景深信息提取

5.6.4.1 自旋转的避免

观察者的自旋转所产生的光流场与自旋转角速度幅值、观察点 $\boldsymbol{Q}$ 的轴角 θ、方向角 φ 和自旋转轴的轴角 θ_W 有关,与景深 R 无关。下面从视觉传感器与机体的连接方式上,讨论自旋转运动的避免。

1. 固连方式的自旋转避免

当视觉传感器与机体以固连的方式连接时,将这两者看成是一个刚体。在机体坐标系 $O_b x_b y_b z_b$ 下,机体的运动可以分为平动、滚转、俯仰、偏航 4 类,如图 5.45 所示。

视觉传感器的几何尺度一般远远大于视频传感器的尺度。因此,图中的 A 点是视觉传感器的位置。在做平动运动时,视觉传感器跟随做自平移运动。在滚转运动时,位于 A 的视觉传感器上各点的运动规律近似相同,即在 r_x 的切向方向上做速度为 $w_x r_x$ 的运动。这种假设的前提是

$$r_x \gg d, r_y \gg d, r_z \gg d \tag{5.92}$$

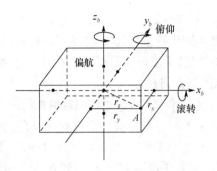

图 5.45　机体的自旋转对视觉传感器的影响

式中,d 指的是视觉传感器的线度。换言之,在固连视觉传感器的时候,应尽量使传感器的位置远离飞行器的 3 个旋转轴。然而,这种设置也有局限性,由运动的合成知识可知,若 3 个轴向上的转动在某一时刻的合成结果中的旋转分运动的轴向指向 A 点,则仍然会产生自旋转。

2. 惯性阻尼装置的自旋转避免

惯性阻尼装置是一类能够有效减除某一轴向上旋转的机械装置,为了达到视觉传感器去除自旋转运动的目的,必须明确加装惯性阻尼装置的位置与方位。现将机体与视觉传感器分别视为两个刚体,并且这两个刚体固连,如图 5.46 所示。

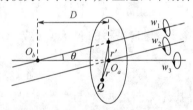

图 5.46　机体自旋转在视觉传感器上引起的自旋转

图中,O_a 和 O_b 分别是机体和视觉传感器的质心,即机体坐标系 $O_b x_b y_b z_b$ 和光轴坐标系 $O_a r_a \theta_a \varphi_a$ 的原点。由运动合成和分解的知识可知,刚体任何一个形式的运动都可以由一个穿过质心的轴向运动加上一个平动表示。则若机体在某一形式的运动中,旋转分运动的旋转轴十分靠近视觉传感器的质心,则会引起视觉传感器的自旋转运动。图中,机体绕穿过 O_b 的斜轴做角速度为 w_1 的自旋转运动。此时,转轴距离 O_a 的距离为 $D\sin\theta$,由于尺度上的差异,可以近似的认为机体自旋转运动在视觉传感器上引起的是绕经过 O_a 点轴的转动。角速度 w_2 方向和大小与 w_1 相同。进一步地,视觉传感器的自旋转运动 w_3 可以转换为绕轴 $O_b O_a$ 的转动 w_1,其角速度的大小变为原来的 $\cos\theta$ 倍。

由上述的分析可以看出,在所有机体的运动中,绕着 $O_b O_a$ 轴旋转的运动分量对于视觉传感器的自旋转贡献最大。只要去除这个方向上视觉传感器与机体的旋转耦合就能够最大限度地减少视觉传感器的自旋转。因此,惯性阻尼装置的减旋方向应该与机体质心 O_b 与视觉传感器的感光中心 O_a 的连线重合。

5.6.4.2 FOE 点的确定方法

在球面光流场中也存在着 FOE 点,并且相对透视投影光流场它有着更好的特点。首先,FOE 点(或者 FOC 点)至少有一个存在于半球的球面图像中,而不会出现透视投影的图像平面中无 FOE 点的情形。其次,FOE 点的球面坐标有着简单的表达形式,使得信息融合的方式获取 FOE 点位置成为了可能。因此,球面光流场中的 FOE 点的确定相对透视投影光流场更加具有鲁棒性。下面介绍 2 种确定FOE 点的方式,解析法和运动信息融合法。

1) 解析法

解析法适合于去除自旋转分量比较完全的情形,则此时认定视觉传感器的运动以自平移运动为主。由基本运动分析可知,轴角速度 $\dot{\theta}$ 与方向角速度 $\dot{\varphi}$ 分别对于轴角 θ 和方向角 φ 的二阶导数为

$$\frac{\partial^2}{\partial \theta^2}\dot{\theta} = \frac{V}{R} \cdot \left[-\sin\theta\cos\theta_V + \cos\theta\cos(\varphi - \varphi_V)\sin\theta_V \right] \qquad (5.93)$$

$$\frac{\partial^2}{\partial \varphi^2}\dot{\varphi} = -\frac{1}{\sin\theta} \cdot \frac{V}{R} \cdot \sin(\varphi - \varphi_V)\sin\theta_V \qquad (5.94)$$

若此时观察的方位 $(\theta, \varphi)^{\mathrm{T}}$ 与自平移的 FOE 点(或 FOC 点)方向重合,则有

$$\frac{\partial^2}{\partial \theta^2}\dot{\theta} \bigg|_{\theta = \theta_V, 180 - \theta_V} = 0, \frac{\partial^2}{\partial \varphi^2}\dot{\varphi} \bigg|_{\theta = \theta_V, 180 - \theta_V} = 0 \qquad (5.95)$$

则可以在光流向量场中寻找光流向量两个维度上的二阶导数均为 0 的点。在数值计算中,由于光流算法存在着计算误差,FOE 点处的二阶导数不一定严格等于 0 值。假定视觉传感器的自平移方向在一定一时间内保持不变,则可以添加时空统计窗口,即

$$\int_t \iint_{\Omega_{\text{FOE}}} \left(\frac{\partial^2}{\partial \theta^2}\dot{\theta}, \frac{\partial^2}{\partial \varphi^2}\dot{\varphi} \right)^{\mathrm{T}} \mathrm{d}\Omega\mathrm{d}t = \min\left[\int_t \iint_{\Omega} \left(\frac{\partial^2}{\partial \theta^2}\dot{\theta}, \frac{\partial^2}{\partial \varphi^2}\dot{\varphi} \right)^{\mathrm{T}} \mathrm{d}\Omega\mathrm{d}t \right] \qquad (5.96)$$

需要指出的是,如果视觉传感器的自旋转运动滤除不够理想的情况下,依然可以使用解析法。

2) 运动信息融合法

在下列情况下,解析求解 FOE 点比较困难。①视觉传感器自旋转分运动没有完全去除的情况;②自平移运动方向持续变化或者变化剧烈的情况。这两类情况下,解析法由于自旋转运动的干扰以及算法自身的实时性问题,结果将不可靠。为此,可以借助传统的飞行器所携带的运动传感器给出相关运动信息。

134

在使用运动信息融合法时,不再需要利用光流场对于 FOE 点进行提取,故而考虑使用固连的方式连接视觉传感器和机体,这时两者的自平移运动是完全一致的。而若使用惯性阻尼装置,反而使得机体坐标系 $O_b x_b y_b z_b$ 与光轴坐标系 $O_a r_a \theta_a \varphi_a$ 产生不确定的相对运动而无法确定视觉传感器的运动规律。

一般情况下,运动传感器给出的是机体坐标系 $O_b x_b y_b z_b$ 下的向量 (v_{bx}, v_{by}, v_{bz}),需要进行坐标系的转换,将运动信息转换至光轴坐标系 $O_a r_a \theta_a \varphi_a$ 下,即 (V, θ_V, φ_V)。信息融合法能够实时、可靠地得出 FOE 点的信息,并且几乎不耗费算法资源,因而要优于解析法。

5.6.5　基于时空梯度的球面光流算法

5.6.5.1　基于局部平滑约束的 S – LK 算法

现对于其在球面黎曼流形下的具体表达式进行求解。这种方法就是球面光流场的 Lucas&Kanade 算法(简称 S – LK 算法)。球面坐标系下的 LK 约束形式为

$$J_{\mathrm{LK}}(\boldsymbol{q}(\theta, \varphi)) = \int_{\Omega(\theta, \varphi)} \int_S W^2 \left| \left(I_{S\theta}, \frac{1}{\sin\theta} I_{S\varphi}, I_{St} \right) (\dot{\theta}, \dot{\varphi}, 1)^{\mathrm{T}} \right|^2 \mathrm{d}s \tag{5.97}$$

利用最小平方方法求解,可以得到方程组,即

$$\begin{cases} \displaystyle\int_{\Omega(\theta, \varphi)} \int_S W^2 I_{S\theta} \left(I_{S\theta} \dot{\theta} + \frac{1}{\sin\theta} I_{S\varphi} \dot{\varphi} + I_{St} \right) \mathrm{d}s = 0 \\ \displaystyle\int_{\Omega(\theta, \varphi)} \int_S \frac{W^2}{\sin\theta} I_{S\varphi} \left(I_{S\theta} \dot{\theta} + \frac{1}{\sin\theta} I_{S\varphi} \dot{\varphi} + I_{St} \right) \mathrm{d}s = 0 \end{cases} \tag{5.98}$$

对方程组进行离散化得

$$\begin{pmatrix} \displaystyle\sum_{i=1}^n w_i^2 (I_{S1}^{(i)})^2 & \displaystyle\sum_{i=1}^n w_i^2 I_{S1}^{(i)} I_{S2}^{(i)} \\ \displaystyle\sum_{i=1}^n w_i^2 I_{S1}^{(i)} I_{S2}^{(i)} & \displaystyle\sum_{i=1}^n w_i^2 (I_{S2}^{(i)})^2 \end{pmatrix} \begin{pmatrix} \dot{\theta} \\ \dot{\varphi} \end{pmatrix} = - \begin{pmatrix} \displaystyle\sum_{i=1}^n w_i^2 I_{S1}^{(i)} I_{St}^{(i)} \\ \displaystyle\sum_{i=1}^n w_i^2 I_{S2}^{(i)} I_{St}^{(i)} \end{pmatrix} \tag{5.99}$$

式中,w_i 表示局部平滑窗 W 第 i 个元素的权重系数。$I_{S1}^{(i)}$ 表示第 i 个元素的 I_{S1} 值,$I_{S2}^{(i)}$ 和 $I_{St}^{(i)}$ 同理。仿照透视投影下 LK 算法的解式,有类似的矩阵表达形式,即

$$\boldsymbol{A}^{\mathrm{T}} \boldsymbol{W}^2 \boldsymbol{A} \begin{pmatrix} \dot{\theta} \\ \dot{\varphi} \end{pmatrix} = \boldsymbol{A}^{\mathrm{T}} \boldsymbol{W}^2 \boldsymbol{b} \tag{5.100}$$

式中:$\boldsymbol{A} = [\nabla_S I^{(1)}, \nabla_S I^{(2)}, \cdots, \nabla_S I^{(n)}]^{\mathrm{T}}$;$\boldsymbol{W} = \mathrm{diag}[w_1, w_2, \cdots, w_n]$;$\boldsymbol{b} = -[I_{St}^{(1)}, I_{St}^{(2)}, \cdots, I_{St}^{(i)}]^{\mathrm{T}}$。

根据 Simoncelli 的讨论,该线性方程组的解得优良性与否与矩阵 $\boldsymbol{A}^{\mathrm{T}} \boldsymbol{W}^2 \boldsymbol{A}$ 的特征值有着紧密的关联,不同特征值情况下的解策略将在后面的内容中进行讨论。

5.6.5.2 算法的优化

该算法基于 S－LK 算法。首先,在求解结构上,用变分辨率金字塔结构来取代线性方程组的闭式求解。这使得大尺度的移动量的准确探知成为了可能。

其次,算法根据空间梯度矩阵特征值判定传统闭式解的可靠性。这样能够减小错误的光流向量对于图像理解造成的影响。

5.6.6 景深探测机制与计算方法

景深信息的提取主要依靠自平移运动解析。从数值稳定性的角度出发,在设计视觉传感器的探测机制时,需要考虑以下几点问题:①球面光流场的解析中,光轴与球面相交的顶点是一个数学上的奇异点,这一点的轴角 θ 为 0 值,而方向角 φ 不可确定。因此,顶点的位置应该尽可能避开一些需要可靠信息的区域。②一般情况下,在平稳的巡航状态下,飞行器的自平移运动方向与机体纵轴 O_bx_b 的夹角很小,即 FOE 点的方位一般位于 O_bx_b 轴附近。③自平移的仿射公式中大量三角函数项,这些项可能使得特定角度 $(\theta,\varphi)^T$ 上的公式的三角多项式的数值过小,从而产生较大误差。

综合考虑上述情况,提出 2 种景深探测机制,其中的视觉传感器均采用视场角为 180° 的屈光镜头。

1) 向下俯视 45° 单视觉传感器探测机制

如图 5.47 所示是向下 45° 的单视觉探测机制,光轴坐标系 $O_ar_a\theta_a\varphi_a$ 中的光轴位于机体的纵向剖面内,并且与机体纵轴 O_bx_b 成 45° 夹角向下。这样一来,球面上的奇异点就错开了纵轴的方向。视觉传感器仰视最大为 45°,而在俯视时包括机体后 45° 的视野都能看见。这样的探测机制能够同时很好地观察前方和下方的景深情况。而这也是低空飞行时比较感兴趣的两个方位。

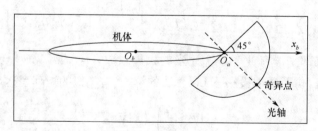

图 5.47　向下俯视 45° 单传感器探测的纵向剖面图

2) 侧向斜视 45° 双视觉传感器探测机制

如图 5.48 所示是双侧视 45° 的探测机制,这里使用了两套视觉传感器。可以看到除了避免奇异点造成的影响之外,前方 90° 的视场角范围是两套传感器的公共观测部分。除了使结果更加稳定可靠之外,还能够很好的解决三角多项式值过小的问题,因为在90°的公共视场中的任何一点相对于两个光轴坐标系 $O_a r_a \theta_a \varphi_a$ 的坐标系是互余的,这表示如果一套观察系统中的三角多项式的值过小,则另一套的值将趋近于1。

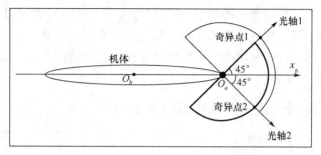

图 5.48　侧向斜视 45°双传感器探测的顶视图

在采取适当探测机制的情况下,可以得到

$$R = \frac{V}{\dot{\theta}} \cdot f_1(\theta, \varphi) = \frac{V}{\dot{\theta}} \cdot (\sin\theta\cos\theta_V - \cos\theta\cos(\varphi - \varphi_V)\sin\theta_V) \quad (5.101)$$

$$R = \frac{V}{\dot{\varphi}} \cdot f_2(\theta, \varphi) = \frac{1}{\sin\theta} \cdot \frac{V}{\dot{\varphi}} \cdot \sin(\varphi - \varphi_V)\sin\theta_V \quad (5.102)$$

理论上,式(5.101)和式(5.102)都能进行景深信息的计算。式(5.101)中的 $\dot{\theta} \propto f_1(\theta, \varphi)$,式(5.102)中的 $\dot{\varphi} \propto f_2(\theta, \varphi)$。从数值计算的角度来说,应该选取数量级大的除法,以减小误差。由此可以得到加权景深公式

$$R = \frac{V}{f_1^k(\theta, \varphi) + f_2^k(\theta, \varphi)} \left[\frac{f_1^{k+1}(\theta, \varphi)}{\dot{\theta}} + \frac{f_2^{k+1}(\theta, \varphi)}{\dot{\varphi}} \right] \quad (5.103)$$

式中,k 是幂权重系数。由此求出的景深对于数量级大的公式算出的结果更加信任,并且其信任程度还可以通过幂权重系数 k 进行调节。

值得注意的是,之前论述的景深信息的提取都假设视野中的各个物体都是静止的,可实际情况中总有运动的物体。下面简要的讨论物体运动对景深信息的影响:运动物体的运动形式同观察球体一样也可以分为自平移和自旋转两种。这里认为,自旋转运动对于该物体与观察者间的距离不会产生影响,故可以省略考虑。这样一来,就要考虑在被观察物体自平移的情况下,景深发生的相应变化。

可以做一个特例假设,设场景中 $(\theta, \varphi)^T$ 方向的物体在某一时刻,沿着与观察者运动相反的方向以 $0.5V$ 的速度朝观察者飞来。则由相对运动的知识可知,这时自平移速度相当于 $1.5V$,进而由球面光流场计算得到的光流满足

$$\dot{\theta}' = 1.5\dot{\theta}, \dot{\varphi}' = 1.5\dot{\varphi}$$

137

进而,可以得到改变后的景深值

$$R' = R/1.5$$

假设在这个方向上,由于自平移的影响,原定预计将在 t 时间后发生碰撞。则景深信息得到的碰撞事件将变成 $t/1.5$。这表明,景深信息在处理运动物体时,既不会延迟预警也不会超前预警。而场景中任何物体的自平移速度都可以分解在观察者自平移的方向上以及垂直于观察者自平移方向的平面上。其中,垂直于观察者自平移方向的平面上的分量将不会带来物体与观察者距离的变化。故而,上述分析适用于所有场景中的运动物体。

5.6.7　球面光流场景深探测仿真实验

5.6.7.1　硬件平台搭建

使用采用的硬件平台,是一套视觉传感 – 采集系统。如图 5.49 所示,是视觉传感 – 采集系统的结构示意图。系统由屈光光学镜头、视觉传感器、视频采集卡以及上位机四部分组成。硬件系统的实物图如图 5.50 所示。

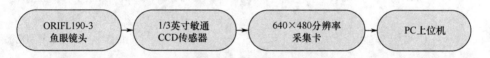

图 5.49　鱼眼视觉传感 – 采集系统

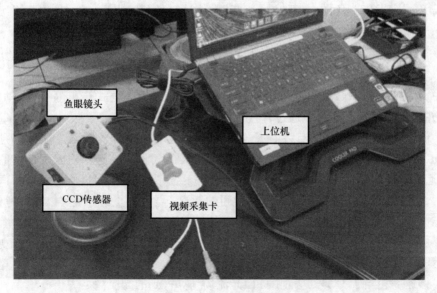

图 5.50　硬件系统实物图

5.6.7.2　示意性仿真实验

为了证明景深探测应用于飞行器景深避障信息的可行性,现设计示意性实验如图 5.51 所示。

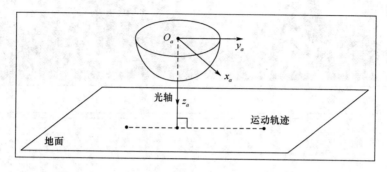

图 5.51　实行性仿真实验

示意性实验旨在模拟观察者自平移的情况下景深的探测机制。如图 5.51 所示,在实验室中的密闭环境中,视觉传感器的光轴竖直向下,并垂直于地面。则视觉硬件系统所观察到的是传感器所在水平面以下的半个空间。传感器的自平移运动的方向沿着水平 y_a 轴的正方向。则此时,自平移向量 v 的方向为 $(90°, 90°)^{\mathrm{T}}$。由于缺乏测速传感器,则实验采取相对景深的概念,即

$$R_r = R/V$$

设幂权重系数 $k = 1$,将自平移速度方向向量 $(90°, 90°)^{\mathrm{T}}$ 代入,则此时的景深求解表达式如下为

$$R_r = \frac{1}{f_1(\theta, \varphi) + f_2(\theta, \varphi)} \left[\frac{f_1^2(\theta, \varphi)}{\dot{\theta}(\theta, \varphi)} + \frac{f_2^2(\theta, \varphi)}{\dot{\varphi}(\theta, \varphi)} \right]$$

式中: $f_1(\theta, \varphi) = -\cos\theta\sin\varphi$; $f_2(\theta, \varphi) = -\dfrac{\cos\varphi}{\sin\theta}$。

为了消除极值点,算法对于运算结果的阈值范围进行了控制,指定阈值范围为 $[0, 5]$。

5.6.7.3　仿真结果与分析

如图 5.52 所示,是实验的仿真结果。其中图 5.52(c)是经过校正后投影到球面屈光成像模型上的原始图像;图 5.52(a)是经过映射变换投射到正交网格上的原始图像;图 5.52(b)是使用金字塔结构的 LK 球面光流算法得到的球面光流场结果;图 5.52(d)是解析计算的场景相对景深。表 5.1 给出了光流算法的参数。

（a）

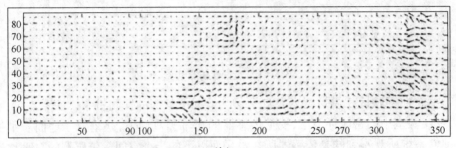

（b）

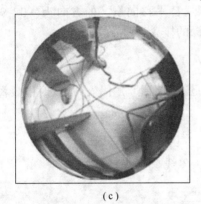

（c）
（d）

图 5.52　示意性仿真实验相对景深探测结果

表 5.1　金字塔 LK 算法的参数

正交网格像素分辨率	1440×360（方向角×轴角）
图像最小分辨角度	0.25°
LK 算法平均窗口像素大小	5×5
金子塔算法层数	5

在图 5.52(a)中,红线显示的是方向角 $\varphi = 90°$ 的位置,而这正是自平移运动向量的方向角的大致位置。换言之,传感器沿着水平方向,向着图 5.52(c)中球面

图像的顶端移动。而从图 5.52(b)的光流计算结果可以看到,光流向量在方向角的150°～250°和 300°～360°之间有着较大的模值,说明这两段扇区内的物体在相对运动中带来的光流向量强。换言之,也就是这两片区域的物体距离观察者距离更近。而从图 5.52(c)中可以清楚地看到,这正是图像中左下角的黑色书桌和右下角的座椅所在的位置。而观察方向角速度 $\dot{\varphi}$ 的情况可知:在方向角为 90°～270°的半个球面上,方向角速度 $\dot{\varphi}$ 基本是逆时针方向的;在方向角为 270°(-90°) ～90°的半个球面上,方向角速度基本是顺时针方向的。而这正是自平移运动在轴角 $\theta = 90°$ 时所表现出的特有情况,即光流向量呈现磁场磁力线分布形式,从 FOE 点出发回到 FOC 点。这类特殊的自平移又被称为发散平移(Divergence Moving)。设定 0.1 为相对深度的境界值,则得到了预警区域。如图 5.52(d)所示,图中的黑色部分就是警戒区域,它表示对应方向上的背景距离视觉传感器过近。可以看出,场景中的黑色木桌和椅子均有警示,而实验室的过道部分几乎都没有预警区域。这说明示意实验探测的景深信息与真实场景深度比较相符。

第6章 无人系统任务载荷与数据链路

6.1 任 务 载 荷

军用无人系统在现代战争中的地位越来越重要,其作战任务与使命也非常广泛,为完成这些作战任务,军用无人系统必须携带相应的载荷。本章详细分析了目前各国装备的可用于军用无人系统的典型有效载荷,对其发展状况与发展趋势进行了综述。

6.1.1 不同任务使命下的有效载荷及设计

6.1.1.1 侦察/探测载荷

在军用无人系统中,目前占比例最大的是侦察/探测载荷。即便是在攻击型无人系统中,侦察载荷也是必不可少的。需要侦察/探测载荷协助完成的作战任务有:广域侦察、拒止区侦察(对禁止飞越的区域进行信息收集)、战术监视/侦察、监视/移动目标指示、战场情报准备、精确制导弹药瞄准、城区监视/侦察、部队防护、生化战剂侦测和识别、战斗损伤评估、本土防御、战场模拟演习等。军用无人系统的探测设备已经经历了几代的发展,目前应用的主要有光电侦察载荷,包括照相机、电视摄像机、红外探测设备等。雷达也是常见的设备之一,合成孔径雷达、激光雷达以及脉冲多普勒雷达等。另外,近年还出现了一些新的有应用前景的探测装备,如多光谱/超光谱成像(MSI/HSI)与光探测和测距(LIDAR)设备等。实际应用中的探测装备,往往不是基于某一个物理原理的探测器,而是多探测器的集成,从而提高了探测的精度和环境适应能力。

1)光电侦察系统

光电侦察系统是军用无人系统,尤其是军用无人飞行器系统上装载的主要侦察、监视装备。随着光电技术发展,电视摄像机、红外热像仪的重量、体积、成本都大大降低,这些侦察设备已装载到小型、甚至微型无人系统上。

(1)电视摄像机。

电视摄像机已经取代最初的光学照相机,成为目前军用无人系统中最常见的一种光电侦察设备,不仅用于监视、侦察获取实时图像情报,而且用于辅助地面操纵员遥控驾驶。目前的电视摄像机一般都采用焦平面阵列电荷耦合器件。北约在科索沃战争中使用的 7 种无人飞行器中有 6 种采用了电荷耦合器件电视摄像机,可见该类型的电视摄像机在昼间图像情报探测设备中的统治地位。焦平面阵列电荷耦合器件的主要优点是体积小、重量轻、功耗低、灵敏度高、抗冲击震动和寿命长,因而能够得到广泛的应用,它常和前视红外等组成多探测器系统,满足全天候实时图像情报需要。

美国空军"捕食者"和陆军"猎人"无人飞行器在其转台上便安装有商用现货实时电视摄像系统。"捕食者"的电视系统在近距离通常可以提供可见光图像。

(2) 红外探测器。

包括红外行扫仪、前视红外设备等。法国的"独眼巨人"2000 红外行扫仪设计用于小型有人驾驶侦察飞机和无人飞行器,装配有结构紧凑的高性能(工作温度可降低到 0.1℃)、高空间分辨率的红外(8 ~ 12μm)扫描器,可以在垂直/水平范围内扫描,还有数据记录和显示设备。它也是法国军队"红隼"战场侦察无人飞行器传感器套件中的红外行扫器。

但红外行扫描器目前已很少在无人系统上使用,用的最多的是前视红外扫描器。前视红外扫描器是无可替代的昼夜全天候实时成像探测设备,它还常常被作为核心,与电视摄像机、激光测距仪/ 激光照射器组合成为多探测转台,昼夜执行多种任务。第一代红外前视扫描器采用扫描红外探测器。第二代采用扫描阵列红外探测器。第三代采用凝视焦平面阵列红外探测器,在成像焦平面上纵横着数以百计的红外敏感元件,通常和电荷耦合器件等信号处理电路集成在同一个芯片上,或通过铟柱连接集成在两个芯片上,一次完成成像探测、积分、滤波和多路转换功能。这种全固态红外成像器不仅体积小、质量轻、可靠性高,而且凝视比扫视具有更高的灵敏度和分辨率以及更远的作用距离。第四代前视红外技术(又称灵巧焦平面阵列技术)将采用 HgCdTe 传感器和先进的信号处理技术,可以覆盖整个可见光波段和近、中、远红外波段。可为飞机提供 100 多 km 的红外搜索跟踪能力。第四代前视红外设备将在"全球鹰"无人机的红外搜索与跟踪系统中得到应用。

(3) 水下光电探测系统。

现在已有美、英、俄、日、加拿大等国对水下光电探测系统进行研究,有的产品已投入实际使用。在军事领域,水下光电探测系统可以安装在潜艇、灭雷具、水下机器人等水下载具上,用于水中目标侦察、探测、识别等,可实施探雷、探潜、反潜网探测和潜艇导航避碰等。其中研究的最多的是水下激光探测系统。表 6.1 是几种国外水下激光探测系统及其性能特点。

表 6.1 国外几种水下激光探测系统

水下激光探测系统名称	成像方式	激光器及性能
美国 Sparta 水下激光探测系统	距离选通	Nd:YAG(倍频)(工作物质:半导体二极管泵浦 Nd:YAG 激光器),波长 0.530μm,脉宽 <10ns,重复频率 10Hz,脉冲能量大约是 10mJ,转换效率 1%
美国 Spectrum 水下激光探测系统	机械同步扫描	
美国 LLNL 水下激光探测系统	机械同步扫描	氩离子激光器,输出功率大于 7W,转换效率低于 0.1%,扫描速率 30Hz,空间分辨率 1mrad(毫弧度),总视场 18°
美国微软公司 SM 2000 型水下激光探测系统	脉冲同步扫描	氩离子激光器,输出功率 1.5W,成像距离比普通水下摄像机提高 3~5 倍
美国 TVI 水下激光探测系统	脉冲同步扫描	He－Ne 激光器,输出功率 6mW,波长 0.6328μm
美国水雷目视激光识别系统(LVIS)	同步扫描	
加拿大 LUCIE 水下激光探测系统		Nd:YAG 激光器,输出功率 80mW,波长 0.532μm

2)雷达

(1)合成孔径雷达。

合成孔径雷达在无人机系统中应用较多,它克服了一般雷达受天线长度和波长的限制而使分辨率不高的缺陷,采用侧视天线阵,利用向前运动的多普勒效应,使多阵元合成天线阵列的波束锐化,从而提高雷达的分辨率。合成孔径雷达在夜间和恶劣气候时也能有效地工作,可以穿透云、雾和战场遮蔽物,以高分辨率进行大范围成像。目前,轻型天线和紧凑型信号处理装置的发展以及成本的降低,使合成孔径雷达已经能够装备在战术无人系统上。

美国的 TESAR 合成孔径雷达系统是"捕食者"中空长航时无人机的任务载荷。该系统是一种工作在 J 波段(16.4GHz)的高性能轻型监视雷达,设计用于各种地形和不利气候条件下工作。它可以以合成孔径雷达和运动目标指示两种模式工作。在合成孔径雷达模式下,分辨率为 0.3~1m,在距离和扫描宽度上均可改变。在运动目标指示模式下,雷达可以将目标报告叠加在电子地图上。

(2)激光雷达。

激光雷达采用单色光且发射波束极窄,隐蔽性好,对地物和背景具有极强的抑制能力,不像红外成像系统那样易受环境变化的影响。另外,激光对红外隐身目标具有极高的灵敏度,且抗干扰能力十分突出。激光雷达波长短,与微波雷达相比,其体积和质量都比较小。就精度而言,激光雷达相对较高,分辨率达到分米(dm)甚至英寸(in)量级,令其他探测器很难超越。美国的"低成本自主攻击系统(Low Cost Autonomous Attack System,LOCAAS)"就是依靠其头部的激光雷达探测器完成制导、目标搜索、识别、定位和打击。LOCAAS 的激光雷达探测器在静态试验(91.4m 高塔)和载飞试验中作用距离分别达到了 10km 和 5km,即使在雨、雪、雾和烟尘等条件下,也可以有较远的作用距离。经过验证,这种探测器具有对目标的三维成像能力,可实现自主制导,分辨率较高,可达英寸级。

(3)多普勒雷达。

脉冲多普勒雷达是应用多普勒效应并以频谱分离技术抑制各种杂波的脉冲雷达,能在强背景(地面、海面)中发现移动目标。

如美国 AN/APS-144 雷达是一种轻型、J 波段脉冲多普勒目标指示雷达,目前已经安装在"琥珀"无人机上。在自身运动速度为 222km/h 的情况下,该雷达可以探测出缓慢移动的小型车辆和人,适用于短时间内进行大面积监视,典型应用包括战场前沿监视和阵地侦察,边界巡逻等。

3)新型探测设备

为提高军用无人系统的侦察/探测能力,国外对新型探测装备和技术的研究从来没有停止过,并开发出了许多新型设备和技术,比较有应用潜力的是多光谱/超光谱成像以及光探测和测距技术。

多光谱/超光谱成像:多频谱探测技术寻求不同类型探测器,利用同一孔径,且有时利用同一半导体器件工作。这些探测器可以探测不同红外带宽、不同光谱甚至混合光和射频以及激光测距的光谱。这将提供更多信息并减轻信号处理负荷。超光谱成像可用于探测和生化战剂微粒识别,对气溶胶云的被动超光谱成像可以对非常规攻击提前告警,因此可以进行战场侦察和本土防御。另外,该项技术还可以用来对付敌人的普通伪装、隐蔽和拒止战术。美国海军研究实验室已经开发出"战马"可见光/近红外超光谱传感器系统,并在"捕食者"无人机上进行了演示。

光探测和测距(LIDAR):光探测和测距是对指定感兴趣区域从纵向拍摄几幅图像,然后将其"合成"一幅图像。光探测和测距也可以用来透过障碍物成像。在有轻微或者中等厚度的云层、灰尘时,用精确短激光脉冲,并且只捕获第一批返回的光子,就能生成光探测和测距图像。另外,利用照射某种物质的颗粒或者气云,可以简化对该物质的识别过程。如果与超光谱摄像仪配合使用,光探测和测距可以提供对某种物质更为快捷和精确的识别,因此可以协助探测和识别生化战剂。

6.1.1.2 武器装备

对于要携带武器装备的军用无人系统来说,作战需求与模式有较大差别,其作战任务使命会有所不同,因此装备的武器也会不一样,各有特点。

由于无人飞行器通常比普通飞机体积更小,其武器舱比较小,因此,无人作战飞行器需配备较小型的武器载荷。美国空军于 2005 年 11 月份向工业部门发出了对精确制导对地攻击武器进行改进的信息征召书中,要求研制可以用于 MQ－1 和 MQ－9"捕食者"无人机以及陆军 MQ－5"猎人"无人机等平台的 100 磅级或 100 磅级以下的武器载荷。目前无人作战飞行器的作战任务有对地攻击、对敌防空系统压制、近空支援、打击时间关键目标等,因此已经或计划装备的武器大都是完成以上作战任务的,包括精确制导炸弹、反坦克导弹、小型导弹、末敏弹/制导子弹药、无人飞行器等。

反坦克导弹是最早应用于无人机系统的武器。2002 年 11 月 3 日的一次行动中,一架"捕食者"无人机发射其携带的"海尔法"导弹(图 6.1),消灭了隐藏在一辆汽车中的 6 名基地组织成员,完成了由无人机系统发射反坦克导弹对地面目标的首次攻击。"海尔法"导弹长 1626mm,弹径 178mm,弹重 45.7mm,一架 MQ－1A"捕食者"无人机可以挂载 2 枚"海尔法"导弹。除"海尔法"导弹之外,美国雷声公司还研制了空射型"标枪"反坦克导弹(图 6.2),可以作为无人机的载荷,曾与 SA-GEM 公司合作研究如何满足法国"斯普维尔"无人机的武器装备需求。

图 6.1　挂载"海尔法"导弹的
　　　　"捕食者"无人机

图 6.2　空射型"标枪"反坦克导弹

精确制导炸弹。在无人机上挂载精确制导炸弹,执行近空支援和对敌防空系统压制任务也是空中无人武器系统的重要发展方向。计划中的精确制导炸弹主要是 GPS/INS 制导的,如 GBU－38 JDAM 和 GBU－39 SDBII(小直径炸弹)。美国洛克希德·马丁与波音公司共同研制研制的小直径炸弹 II,作为无人机的理想战斗载荷,长 1.8m,直径 190mm,重量约为 115kg,末制导采用激光目标指示,其战斗部

146

为爆破式,能够全天候攻击地面移动目标。

末敏弹/制导子弹药。由于末敏弹和制导子弹药体积小、重量轻,且都有末端自寻的功能,能够实现"发射后不管",非常适合无人机携带与投放。美国智能反装甲子弹药(BAT)是一种制导子弹药(图6.3),全长914mm,直径140mm,重量为20kg,携带串联空心装药战斗部,可以成批的对付移动装甲目标,目前已经装备美国"猎人"无人机(图6.4)。美国达信公司提出为无人机配备U-ADD通用布撒器的方案中用到了末敏弹。该布撒器能够投放 CBU-105 传感器引爆武器,内装四个斯基特子弹药(一种末敏弹),可用来攻击坦克、装甲车、卡车、停放的飞机、移动雷达,甚至能打击水面目标如小型水面舰艇集群等目标。

图6.3　BAT 子弹药　　　　　图6.4　"猎人"无人机上的 BAT 子弹药

无人飞行器自身带有传感器和动力系统,可以在目标区域上空自主巡飞、搜索、探测、识别和攻击目标,是对付时间关键目标的有效手段,本身就是一种空中无人武器系统,但也可以用作无人飞行器的载荷。典型的无人飞行器有"低成本自主攻击系统"和 250 磅级"小型侦察攻击巡航导弹(Surveiling Miniature Attack Cruise Missile,SMACM)"。它们都携带多模战斗部,可以攻击软硬目标。一架 MQ-1"捕食者"能够携带两枚 SMACM,而一架 MQ-9"捕食者"则能够携带 8 枚。

6.1.1.3　通信/电子战载荷

1)通信中继

由于空中通信结点比卫星更能快速高效地满足战术通信要求,可以有效增强战区卫星的能力,解决在容量和连通性方面的不足。因此,目前担任通信结点任务的无人系统主要是无人机。其主要优势有:

(1)能高效利用带宽。

(2)可扩展现有地面视距通信系统的覆盖范围。

(3)可将通信区域拓展至卫星服务的盲区。

(4)与卫星相比,大大增强了接收的功率密度和接收能力,提高了抗干扰能力。

美国国防高级研究计划局发起的联合自适应 C^4ISR 结点（AJCN）研究计划，其目的是开发一种模块化、可升级的通信中继有效载荷。该通信装置经改装可以装在 RQ-4/"全球鹰"无人机上，提供较大范围的防区支援（可覆盖直径为约555km区域），也可以装在 RQ/7"影子"无人机上（覆盖直径为约111km的区域），能满足战术要求。

用无人系统作为通信中继结点，极大的提高了通信支援的效率。美国在"沙漠风暴"行动中，为部署通信中继装置，需要出动40架次的 C-5 和24艘舰船。而如果改为大量自动部署基于无人机的空中通信结点，可以使通信支援所需的空运架次减少 1/2~2/3。

2）电子支援/电子情报载荷

电子支援（ES）和电子情报（ELINT）传感器是重要的信息来源。信号情报同图像情报一起可以形成更全面和更精确的态势感知图像，这对于建立和更新电子作战序列至关重要。由于电子监视载荷只需要接收和处理信号，对功率需求不大，适合无人系统携载。同有人驾驶平台的电子情报载荷相比，无人系统电子情报载荷由于成本低、体积小，因而其精度不可能很高。但只要能近距离抵达目标处，ES/EL IN T 传感器即使只具有中等的精度，也能够获得清晰的态势感知，甚至能获得目标瞄准需要的精度。

如 AES-210 是采用接收、测向和信息处理的现代技术开发的电子监视/电子情报系统，可以装在无人飞行器上，对海面和地面进行监视以及电子情报搜集，对敌方雷达进行确认和定位，并具载机自防护功能。该系统能自动探测、测量和确认地面、舰载和机载武器系统发出的雷达波，并计算出其发射位置。

3）电子攻击载荷

电子攻击主要是对地方通信、电子设备实施干扰。出于安全考虑，有人驾驶的干扰飞机通常只能位于敌防区以外实施远距离干扰，所以对干扰功率要求很高。而无人平台的电子攻击载荷由于是近距离、小区域干扰，所需功率要小得多，而且干扰效果更好，同时可以避免对己方电子设备的影响，适合实施电子攻击。分析表明要保护一个10km处的目标，一部距雷达10km的100W干扰机可获得的干信比与试图干扰同一目标的、距雷达100km的10kW干扰机的干信比相当。

英国的"帝王"电子战系统可以实施电子攻击，有三种基本型号。其中之一为通信干扰器，能远距离监视超高频通信，并从敌后方干扰主机无线电。可以全向接收和传输，以截取和报告无线电信号，对选择的信号进行自动或者受控干扰，应答噪声干扰以切断指挥和控制链。其另一基本型号为雷达干扰器，可以用于战胜敌方雷达，保护无人机平台和友机并提供干扰训练。可以截取威胁雷达，选择最佳的干扰模式,发射有效信号破坏敌方火力控制,瓦解敌人发射行动,并将威胁细节和干扰情况发射给地面控制站。

6.1.1.4 有效载荷的设计准则

1)实现载荷设计的模块化与通用化

军用无人系统执行不同的任务,或者在不同的环境条件下执行任务时,有可能用到不同的探测器,甚至搭载不同的武器载荷。如果用不同的无人系统作为平台,则会影响执行速度和效率。保持平台不变,只对任务载荷进行更换,则可以提高无人系统的利用效率和执行效率。这就需要我们任务载荷的设计尽量实现模块化和通用化,方便同一无人平台对不同载荷的装、卸,以及同一载荷在不同的平台上的应用。国外很多任务载荷都是依照这一原则设计的。如法国"影子"200装载的POP 200插接式光电载荷便是能昼夜工作的模块化稳定光电传感器系统,使用可互换的插接式传感器部件。标准传感器部件有热像仪、彩色CCD、自动视频跟踪器和激光瞄准器。为满足不同的作战需求,其传感器组件可以快速更换。

2)适应载荷设计轻量化、小型化要求

为提高隐蔽性和生存能力,军用无人系统越来越趋向于小型化。这便对任务载荷的轻量化和小型化提出了更高的要求。在容限越来越小的条件下,设计出性能与以前相当甚至更好的任务载荷,是极富挑战性的工作。国外在这一需求的推动下,正进行积极的探索。如美国国防先进研究计划局在一个小规模革新研究(SBIR)项目中,为满足在微型无人机安装合成孔径雷达的要求,而投资一家公司,委托其研制微型合成孔径雷达(MicroSAR)。

3)为武器装备载荷设计更小、成本更低的新型观瞄系统

为提高精确打击能力和己方士兵的生存能力,降低附带毁伤,军用无人系统武装化的趋势与要求已经日趋明确和强烈。现有有人系统中武器的光电/红外观瞄系统往往超过了大多数无人系统的单机载荷能力,而且由于受系统稳定性/传感器失调、气候等因素的影响,常常会导致武器命中精度的下降。因此,有必要为无人系统武器载荷开发性能可接受、体积更小、成本更低的观瞄系统。新的先进观瞄技术有:先进多机电子支援措施;结合地形数据对合成孔径雷达图像进行图像测量;单机、多视角合成孔径雷达图像;多机、多视角合成孔径雷达图像等。

4)降低成本重点应放在侦察/探测载荷上

在情报、监视和侦察无人系统中,传感器成本占总成本的比重越来越大。随着传感器的复杂程度越来越大,精密程度和专用化程度越来越高,采取必要措施控制其成本的增加并且合理设计未来的传感器(尽可能的实现通用化)就显得极为重要。美国"全球鹰"RQ-4 Block 10无人机中的传感器集成套件(ISS)占总体成本的33%以上,而RQ-4 Block 20如果再加上多传感器套件,则传感器成本占无人

机系统总成本的比例将升至54% 。可见,着重降低侦察/探测载荷的成本,尽量使用商用器件并提高其通用性对于降低军用无人系统的整体成本来说意义重大。

6.1.2 任务载荷的应用概况及发展趋势

6.1.2.1 任务载荷的应用概况

本节以无人机为例用表格形式说明不同用途无人机的载荷装备情况。根据《舍菲尔德无人机手册 2002》中无人机的用途和有效载荷统计表,总结无人机的用途和任务载荷应用情况,如表6.2 所列。

表6.2 无人机任务用途和有效载荷统计表

	分析项目 无人机类型	生产型	微型	战斗型
无人机用途	侦察/监视/目标截获	85%	100%	50%
	通信中继	23%	0	0
	电子情报	11%	0	0
	电子战	17%	0	0
	环境/气象观测	4%	0	0
	民用/科研	5%	0	13%
	其他	8%	0	0
有效载荷	光学照相机	15%	0	0
	红外行扫描器	8%	0	0
	日光电视摄像机	79%	100%	0
	微光电视摄像机	8%	10%	13%
	红外摄像机/前视红外	72%	30%	13%
	激光测距/照射器	15%	0	0
	雷达	8%	0	0
	合成孔径雷达	16%	0	25%
	电子情报	13%	0	0
	电子战	21%	0	0
	其他	24%	10%	0
	不明	3%	10%	40%

6.1.2.2 任务载荷的发展趋势

无人机任务载荷的发展势头之强劲是史无前例的。基于新材料、新技术和新概念的任务载荷研究方向众多,使无人机任务载荷正朝着多功能、高性能和综合性的方向发展。随着微电子技术、通信技术、计算机技术和航空技术的进步,无人机任务载荷的技术发展将主要聚焦在以下方面。

1)提高红外传感器性能

(1)发展第四代前视红外系统。第四代前视红外技术(又称灵巧焦平面阵列技术)将采用碲镉汞传感器和先进的信号处理技术,可以覆盖整个可见光波段和近、中、远红外波段,为飞机提供约100km的红外搜索跟踪能力。第四代前视红外系统准备用于"全球鹰"无人机的红外搜索与跟踪系统以及美国海军的 E - 2C 预警机。

(2)非制冷凝视焦平面阵列。红外探测器一般分为两类:光探测器和热探测器。热探测器与光探测器不同,热探测器要达到良好性能的关键是敏感元件与相邻元件、基板之间最大限度地绝热。热探测器一般可以工作在室温下,不需要昂贵的深冷制冷器。因此,热电探测器也通常被称为非制冷红外探测器。非制冷红外探测器与凝视焦平面阵列结合在一起,更适用于无人机。分析表明,非制冷红外凝视焦平面阵列可能称为近距、低成本红外成像侦察设备的首选。它很适合战术无人机特别是微型无人机任务载荷的要求。

2)提高电视摄像机分辨率

电视摄像机逐步取代光学照相机在无人侦察机上广泛应用,电视摄像机正在进一步追求光学照相机的图像质量。电视摄像机与前视红外特别是深冷扫描线列前视红外相比,正在向体积小、质量轻的方向发展。微型无人机对任务载荷体积、质量的要求,促使任务载荷技术在微型化上会有重大突破。

3)增强多光谱和超光谱探测器的探测能力

多光谱探测技术可以探测不同的红外带宽、光谱甚至混合光和射频以及激光测距的频谱,将提供更多的信息并减轻信号处理负荷。未来的机载成像光谱仪可以在几十个甚至几百个波段成像,而不是只进行双波段的探测。采用中、低光谱分辨率的超光谱成像系统并结合适当的探测算法,可进行大面积搜索。中、低分辨力超光谱成像器件具有超强的目标探测能力,能够迅速发现目标,而且得到的数量大大少于普通光电成像器件,从而降低了数据处理负担。不足之处是难以进行目标识别。因此,将其与普通光电成像器件的高分辨力目标识别能力相结合,可兼得两种系统的优点。

4)任务载荷安装与使用更加灵活

无人机系统的结构日趋复杂,全寿命使用成本也在不断提高,使用者越来越希望无人机具有执行多种不同任务的能力。受无人机任务载荷搭载能力的限制,目前只有大型无人机具备执行多种任务的能力。如果各种设备使用公用的信号和图像数据处理设备,即侦测数据的处理、各模块的控制等任务由机载公用处理设备完成,就可以减轻探测器的总量。这种方法同时也存在着一些需要解决的问题,如降低了整个无人机系统的可靠性,提高了对设备接口、输出数据格式的要求,要求协调执行多种任务时的公共资源分配等。随着广泛应用模块化观念设计无人机搭载设备,现在的无人机已可以根据不同任务需要灵活地更换载荷设备。模块式任务载荷的概念正在受到越来越多的关注,因为它可使无人机中的一个传感器或一些传感器改变到适合每一任务或一系列任务的需要。

5) 任务载荷综合化

未来信息化战争要求无人侦察机具有更高的信息获取能力,即要求无人侦察机扩大信息获取空间,延长信息获取时间,增加获取信息的种类,提高获取信息的有效性。对用以获取作战所需信息的有效载荷来讲,要能够在复杂的战争环境中全天候、全天时工作,就需要提高有效载荷的性能和功能综合化程度。无人侦察机信息获取载荷功能的综合化,是通过多种在功能上互补的信息获取载荷的合理配置,来扩大无人侦察机信息获取系统工作的空域、时域、频域,提高其获取信息的能力和所获信息的实时性与有效性来实现的。

6) 侦察系统数字化

无人侦察系统只有实现数字化,才能加强系统的功能性和有效性。数字化侦察图像具有以下优点。

(1) 图像效果增强。数字化对比度处理使图像清晰度更好。

(2) 可辨认和提取感兴趣的区域,将场景以多种视角和尺寸显示出来,数字工具能够测算感兴趣的目标。

(3) 采用数据压缩和错误校正编码,便于图像传输和还原。目前的红外热成像和激光测距机等技术已基本实现了数字化。

7) 信息实时化

未来将侦察到的情报及时传送到指挥官手中,侦察系统必须包含先进的通信系统。机载通信系统一般采用空地无线电通信设备或卫星通信设备。超光谱成像和高分辨力成像器件等先进传感器的应用,要求通信链路不断拓宽频带和提高信息传输容量。建设高速数据链路是解决信息高速传输的基本手段。采用提高工作频率、提高频带利用率和合理使用频率资源等措施,可以提高通信系统传输高速数据的能力。采用适宜传输高速数据的数据压缩和编译码体系,选择适当的编码增益和码比率,是建立高费效比的高速数据传输系统的重要保证。

8) 机载通信情报侦察系统功能多元化

美军正在研究基于无人机机载通信情报侦察系统功能的多元化,通过采用机载通信截获和干扰移动电话的方法。由于商业移动电话使用扩频和跳频技术,截获和干扰并不容易。这使无人机将不得不飞得足够低,以截获这些低功率信号。

同时,有效的干扰需要采用宽带干扰。2003 年初,"捕食者"携带载荷截获了移动电话信息。

6.2 数据链路

6.2.1 概述

数据链路用于在无人系统作用过程中,是连接无人系统平台和地面操控指挥人员与设备的信息桥梁,基本功能是传递地面遥控指令,遥测接收无人系统的状态信息和传感器获取的情报信息。

无人机数据链路在功能上包括一条用于地面控制站对飞行器及机上设备控制的上行链路(也叫指挥链路)和一条用于接收无人机下行数据的下行链路。上行链路一般带宽为 10~200Kb/s,无论何时地面控制站请求发送命令,上行链路必须保证随时传送。下行链路提供两个通道。一条是用于向地面控制站传递当前的飞行速度、发动机转速以及机上设备状态等信息的状态信息(也称遥测信道),该信道需要较小的带宽,类似于指挥链路。第二条信道用于向地面控制站传递传感器信息,它需要足够的带宽传送大量的传感器信息,带宽范围为 300Kb/s~10Mb/s。一般下行链路都是连续传送的,但有时也会临时启动以传送机上暂存的等待发送的数据。数据链路也可用于测量地面天线相对于飞行器的距离和方位,这些信息可用于无人机的导航,提高机载传感器对目标位置的测量精度。

6.2.2 数据链路的机构与原理

无人机数据链路一般由机载部分和地面部分组成。数据链路的机载部分包括机载数据终端(ADT)和天线。机载数据终端包括 RF 接收机、发射机以及用于连接接收机和发射机到系统其余部分的调制调解器。有些机载数据终端为了满足带宽的要求,还提供压缩数据处理。天线采用全向天线,有时也采用具有增益的有向天线。数据链的地面部分包含地面数据终端(GDT)和一副或几副天线。GDT 包含 RF 接收机和发射机以及调制调解器。若传感器信息在传输前经过压缩,那么地面数据终端还需采用处理器对数据进行重建。数据压缩和重建可以设计在数据链路内部,也可以在数据链路外部。地面数据终端可以分装成几个部分,一般包括一辆天线车(可以放在离无人机地面控制占有一定距离的地方)、一条连接地面天线和地面控制站的本地数据连线,以及地面控制站中的若干处理器和接口。

无人机数据链路地面部分的工作原理如下:地面站发送的控制指令在信源编

码器中进行指令编码,然后将编码完的数据进行加密运算,加密完的数据同伪码产生器产生的伪码进行相加从而完成扩频,扩频完的扩频信号对载波信号进行调制,生成载波调制信号,然后将此信号送至功率放大器进行功率放大,经过功率放大的射频信号经过馈线送到天线上,由天线发射出去。地面站在发射控制信息的同时,还进行遥测接收。机载下行信号通过天线和馈线送至高频放大器,经放大后的信号同本地振荡器进行混频,混频后得到的第一中频信号分为两路;一路送给侧向误差产生与处理电路,出来的结果送至天线伺服系统进行天线跟踪控制;另一路送至第二混频器同本地振荡器产生的信号进行混频,然后再通过带通滤波器进行滤波,此时的中频信号经过鉴频器鉴频后分成两路,一路通过低通滤波器滤波产生视频信号,将视频信号送至监视器进行视频显示,另一路经过带通滤波器滤波,然后经过鉴频和分离电路恢复遥测基带信号与伪码数据流信号,遥测信号通过位环和帧环提取电路送至测控终端进行遥测数据处理,另一路送至测距电路,测距电路将此信号同伪码产生器产生的伪随机码对比产生测距信号,最好将此测距信号送至测控终端进行数据处理。

无人机数据链路机载部分的工作原理如下:机载飞行控制系统通过串行数据口发出遥测信号数据流,同时接收遥控指令数据流。对于遥控接收部分,从天线接收到的遥控信号经过接收机的放大、一次混频,由射频信号变换为中频信号,经过二次混频、放大,经过滤波、整形,进行解扩解调后,得到遥控基带信号数据流。该数据流通过解密后直接送至飞行控制计算机处理。对于遥测发射部分,来自飞行控制计算机或直接来自机上设备的遥测数据,首先经过遥测编码,再经过载波调制得数下行的射频信号,该射频信号经过功率放大器送至天线,最后由天线发射出去。

6.2.3 对数据链路的特别要求

战场上,无人机数据链系统会受到各种电磁威胁,如反辐射攻击、电子截获和情报利用、欺骗反制、对数据链的无意干扰和蓄意干扰等。因此,从作战需要来说,对无人机数据链路适应复杂电磁环境的能力有以下要求。

1) 抗反辐射攻击

采用遥控辐射天线和降低上行链路的占空比是可供考虑的抗击反辐射武器的措施。理想的情况是上行链路只有在必须向无人机发送指令时才发送信号,这样上行链路便可以长时间保持缄默。这是系统问题,因为整个系统的设计应该使上行链路的使用最少;同时也是数据链问题,某些数据链被设计成即使没有任何指令要传送也定时辐射信号。抗反辐射武器可以通过采用低截获频率、频率捷变和扩频技术来实现。

2）低截获概率

由于地面站常常需要保持一段较长时间的静止不动以对飞行中的飞行器进行控制,这就使其一旦确定方位就会成为炮火和导弹容易击中的目标。所以,上行链路需要具有低截获频率,而低截获频率对下行链路不是很重要。采用扩频、频率捷变、功率管理和低占空比技术可获得低截获频率。但受低成本的限制,低截获频率不是数据链必须具备的功能。

3）抗欺骗反制

对方通过对上行链路的欺骗可获得对飞机的控制权,从而引导飞机坠毁、改变飞行方向或将其回收。这比干扰造成的损失更加严重,因为欺骗可导致飞行器及机载设备的损失,而干扰一般只是影响其完成任务的好坏。而且,假如能够引导飞机坠毁,用一个简单的欺骗系统便可以依次引导多架飞机。对上行链路的欺骗方式也很简单,只要让无人机能够接收一条灾难性的指令即可。由于通用地面站的使用,无人机采用通用的数据链和某些通用的指令码,所以对上行链路的保护要特别慎重。由于操作员能够识别欺骗数据,所以对下行链路的欺骗比较困难。采用文电鉴别码和某些抗干扰技术可获得抗欺骗的性能,抗欺骗单元可以在数据链路的外部实现,这是因为文电鉴别码可由系统软件产生,由机上计算机校验。

4）抗干扰

数据链路在存在蓄意干扰的情况下保持正常工作的能力称为抗干扰能力,或叫抗干扰度。抗干扰度的大小用抗干扰系数来衡量,抗干扰系数定义为无干扰时系统的实际信噪比与系统正常工作所需要的最小信噪比的比值,单位为 dB,即

$$R(\text{dB}) = 10\lg(R) \qquad (6.1)$$

式中:R 为信噪比下降倍数。抗干扰系数下降 40dB 的含义是:干扰必须使接收机信噪比下降 10000 倍(10lg(10000) = 40)以上才能使系统工作正常。

6.2.4 数据链路的抗干扰分析

抗干扰能力一般通过抗干扰系数来表示出来。与数据链路抗干扰系数相关的因素包括发射功率,天线增益和处理增益。

增加发射功率是克服干扰的最佳途径。当数据链的功率大于干扰机的功率时,就能取得良好的抗干扰效果。一般在无人机的下行数据链路中使用。

天线增益的定义为:天线在某方向上产生的功率密度与理想电源同一方向上产生的功率密度的比值,单位为分贝(dB)。当天线辐射的大小随角度而变且在某一方向上达到最大值时,最大方向上的天线增益称为峰值天线增益,其值可用下面

155

的公式近似表示,即

$$G_{\text{dB}} = 10\lg\left(\frac{27000}{\theta\phi}\right) \tag{6.2}$$

式中,θ、ϕ 分别代表垂直和水平方向的半功率波瓣宽度。

其中天线的波瓣宽度与天线的尺寸(h 和 ω)成反比,与辐射信号的波长(λ)成正比,式(6.2)可以表示为

$$G_{\text{dB}} = 10\lg\left(8.3\,\frac{h\omega}{\lambda^2}\right) \tag{6.3}$$

处理增益是通过将干扰能量扩散到数据链信号带宽之外来增强信号。在传输之前按某种带宽的方式对数据链要传送的信息进行编码,在接收端通过编码来恢复信号,这样处理可以实现对信号的增强。由于干扰机无法采用与数据链相同的编码,因此它必须对经过人工扩展后的传输信号带宽进行干扰和覆盖。处理增益主要包括两种形式:一种是直扩通信,即对原信号加伪码调制以增大传输带宽,降低每单位频率间隔内的功率,这样为了达到干扰效果,干扰机的干扰频率必须达到整个传输带宽;另一种是跳频通信,即载波频率按照伪随机序列跳变。如果干扰机不知道跳频方案,不能按跳频方案实时工作,它就必须干扰跳频工作的整个频段。

抗干扰系数的数学定义为

抗干扰系数(dB) = 处理增益(dB) + 衰减系数(dB)

衰减系数是指系统正常工作可用的信噪比与所要求的信噪比的比值。经过仔细设计的数据链路具有一定的衰减系数,干扰机只有克服这个系数才能降低通信系统的工作效能。但是,在有效的干扰噪声进入通信系统之前,有效干扰噪声会被处理增益抑制,然后才在通信系统中出现。天线增益通过提升信号对衰减系数做出贡献。天线增益增加多少分贝,衰减系数和抗干扰系数就增加多少分贝。

6.2.5　数据链路的发展趋势

未来信息化作战需要无人机能够在更加广域的范围内作战,能够实时传送更大量的情报信息,并有能力进行信息的处理及向更广范围的快速分发。随着作战的需求和技术的发展,无人机数据链路未来的发展趋势如下。

1)提高通信带宽和作用距离

为了满足未来作战中大数据量实时远程传送的需要,提高无人机数据链路的带宽和作用距离是必须的。目前,美军无人机的上行数据链路已达200Kb/s,下行数据速率分别为1.544Mb/s和50Mb/s,作用距离3000km以上。未来提高数据链

路通信速率的主要技术途径将是发展红外通信系统和光学通信系统。

2）发展一站多机数据链路系统

一站多机是指一个地面指控站可同时指控多架无人机。地面站一般采用时分多址方式向各无人机发送控制指令,采用频分、时分或码分多址方式区分来自不同无人机的遥控参数和载荷信息。如果作用距离较远,测控站需要采用增益较高的定向跟踪天线。在天线束波不能同时覆盖多架无人机时,则需要采用多个天线或多波束天线。在不需要载荷信息传输时,地面站一般采用全向天线或宽波束天线。当多架无人机超出视线范围之外时,需要采用中继方式。

3）发展无人机数据链系统

在未来信息化作战中,数据链作为一种战场的信息处理、交换和分发系统,将是连接指挥中心、各级指挥所、各参战部队和武器平台的"战场神经传导系统",是实现指挥自动化的关键。近几年,无人机数据链技术发展很快,美军已发展和验证了一些无人机数据链系统。"漫游者"数据链系统已在美国空军"大西洋攻击"Ⅱ演习中成功演示了其双向传输能力。"漫游者"系统可提供来自无人机的全向视频,并可在多种该系统可识别的无人机系统之间实现互操作。该数据链系统通过进行目标瞄准和提供实时情报/监视/侦察(ISR)信息,演示了可互操作的联合态势感知能力。此外,该系统还具有从有人机和无人机接收实时视频图像的能力。另外,美国联合防务公司全球微波系统分部成功完成了一次无人机采用"高清晰度信使数据链"的飞行演示。从其在 609.6m 高度获得并传回的视频中,可清晰看到以 105km/h 的速度行驶车辆的牌照。该系统包括:高清晰度信使发射机、采用 6 天线的信使灵巧接收机、可选的用于实现远距离覆盖信使天线阵列、一部高清晰度 MPEG-2 图像标准解码器。

6.3 无人系统的互操作技术

6.3.1 概述

互操作技术是指不同军事组织之间联合控制技术,这个组织包括不同国家和不同军队(陆军、海军、空军等);各军队、单位、系统可以通过互操作实现联合控制。军用无人系统的互操作技术是指无人系统之间的联合控制技术和无人系统与有人武器系统的协同技术。具体讲包括以下三个层次:单个无人系统内不同无人单元之间的互操作,如美海军的 RQ-8A"火力侦察兵"垂直起降战术无人机(VTUAV)和美陆军的"猎人"战术无人之间的互操作;无人系统之间的互操作,如"全球鹰"与"剑"武装机器人、地面无人车辆之间的互操作;无人系统与有人系统的互操作,如

AH－64"阿帕奇"直升机和"影子－200"战术无人机以及地面坦克之间互操作。互操作是跨军队的,同时可能还是跨国界的如美军与英军之间的互操作。

互操作技术将分布在陆、海、空的各种侦察探测系统、指挥控制系统、打击武器系统与作战力量、保障力量无缝隙地连接成一个有机整体,实现无人系统之间,无人系统与有人系统以及不同国家之间的信息共享和有效控制,大大提高了军队的战斗力;特别是在海外战争、联合反恐中,它有效利用各国资源,减少重复,实现各系统高效联合作战,互操作技术在未来战场的重要性日益突出。

6.3.2 互操作技术标准

无人系统互操作的实现需要能够共享通用的规定、程序、彼此的体系结构和数据,彼此能够交流信息,这就需要有一个标准即互操作标准;这节主要分析无人系统标准和标准之间的关系。

6.3.2.1 无人系统标准

现阶段美国无人系统的互操作标准可概括为无人空中标准、无人地面标准、无人水上标准、无人水下标准等。

1) 北约无人机控制站交互性操作的标准化接口(STANAG 4586)

STANAG 4586 标准是北约无人机控制站交互性操作的标准化接口协议,包括数据链、指挥与控制以及人机控制界面的标准。STANAG 4586 的目标是推进北约的 UAS 一体化,通过一种通用地面接口实时共享各国无人机系统处理的数据和信息,从而增加成员国所拥有的无人机之间的互操作性。STANAG 4586 标准对北约部队的维护服务提出如下要求:建立一个交互性操作地面站构架;开发一个通用的地面接收、信息处理及控制系统,以保证与其他 UAV 收集系统的完全交互操作;鉴别必需的系统、子系统和部件接口。实现了不同国家之间的 UAV 信息可以通过普通地面站进行分析和共享。

2) 无人系统联合结构(JAUS)

JAUS 是无人地面交通领域内一个高层次的界面设计,它是一个通讯传输体系,该体系遵从联合技术体系和军用联合技术体系;采用普通开放体系(SAEGOA)框架来对接口进行分类,在计算节点中指定数据格式和通信方法;它定义了不依赖于技术、计算机硬件、操作使用、运载平台的信息和合成行为;JAUS 文件提出包括参考体系规范、领域模式、文件控制计划和 JAUS 工作组标准操作程序。主要用于无人地面车辆,也用于无人水上系统和无人水下系统。

3) MIL－STD－1760 & UAI

MIL－STD－1760 & UAI 是无人水上器具通用标准,包括无人操作与控制、通信、数据格式等标准,其目的是建立一个开放的、多功能、可升级的系统标准以促进无人水上系统的发展。

4）无人水下载具系统（ASTM F41）

ASTM F41 是无人水下载具系统标准，主要包括无人操作与控制、通信、数据格式、有效载荷和海运规则的标准；其目标是通过制定无人海运系统用开放系统标准以推动组合式、多功能和可互操作的系列水下平台的发展。

6.3.2.2 无人系统标准之间的关系

在整个无人系统中，单个独立的标准还不能满足系统互操作的要求，因为单个独立的标准之间是有差异的，要实现信息共享就需要在标准之间建立一个桥梁，保证它们的互通性，可采用以下几种方法。

（1）保持标准的相对独立性（Maintain Separation）法，用另外的数据链和网络将各个相对独立的标准连接在一起，如用 STANAG 4586 数据链和 JAUS 网络将 JAUS - 4586 之间、JAUS - F41 之间有效连接（图6.5）。

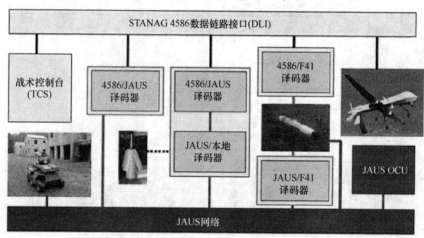

图6.5 保持标准的相对独立性（Maintain Separation）

（2）部分融合（Partial Fusion）法是将标准的某一部分用另一标准的一部分替换，这样通过两个标准之间的公共部分实现互通，将 STANAG 4586 的组成部分 STANAG 45867805 用 JAUS 中的第一层次替代（图6.6）。

（3）区域中心融合（Domain - Centric）法是各个不同的标准都采用同一种通用的文件格式，这样就解决了最基本的格式差异。如无人系统标准都采用 JAUS 文件格式（图6.7）。

（4）完全融合（Full Fusion）法是结合多个标准的优点，重新建立一个通用的互操作标准，这个互操作标准要包含所有的现用标准和将来可能的其他新标准（图6.8）。

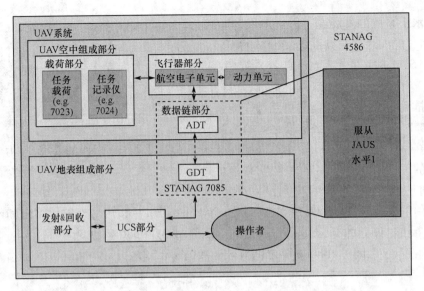

图 6.6　部分融合(Partial Fusion)

图 6.7　区域中心融合(Domain‐Centric)

图 6.8　完全融合(Full Fusion)

6.3.3　人与无人系统之间的互操作技术

人与无人系统之间的互操作是指"以人为中心"的操作;将无人系统的各种信息集成在以人为终端的网络芯片上,实现人对无人系统的控制。在智能化不是很高的情况下,由于目标识别能力,环境感知能力等缺陷,无人系统自主完成任务的能力还有限,人与无人系统的互操作是将人的智慧加入到无人系统,从而大大提高无人系统的战斗力和无人系统间的配合。人与无人系统之间的互操作技术包括人在回路技术和遥操作技术。

1)人在回路技术

人在回路技术是通过人工参与来观察、识别、锁定目标,然后转入飞行器跟踪,或直接操纵飞行器攻击目标以及修改战斗任务等。尽管目前无人系统自动驾驶能力较高,但仍然不能在复杂的环境中自主的执行任务,特别是城区环境中的运动目标。人在回路技术对成像质量要求适中,可以借助指挥中心的智能处理软件和人的综合判断进行信息处理;还可以进行任务的重新规划、建立重新攻击能力等。

人在回路技术需要将无人系统获取的信息传达给人,还要接受人发出的指令;因此需要有保密抗干扰的双向数据链传输能力,相应的机上有发射与接收设备,增加了载重;远距离传输还需要解决时延难题。

低成本自主攻击系统(LOCAAS)人在回路的应用实例(图6.9):LOCAAS使用其激光雷达进行搜索,以便在预定的搜索区域中发现和识别出目标时,进行报告。"回路"中的操作人员使用的便携式飞行规划系统发送目标追踪信息和中止命令至LOCAAS。操作人员和飞行器通过"全球星(Globalstar)"卫星通信系统与网络中心化协作式目标识别系统相连。试验用飞行器还通过数据链路与协同攻击弹药实时评估试验平台相连。该平台仿真三枚虚拟的协同弹药(巡飞弹)沿着与测试中真实的LOCASS相邻的弹道飞行并进行搜索。网络中心化协作式目标识别软件对来自情报/侦察/监视(ISR)平台传感器的信息进行融合。操作员监视武器的实时状态信息,网络中心化协作式目标识别系统提供的目标近实时位置信息。连接到网络中心化协作式目标识别系统的数据链路使得LOCAAS可以作为非常规的情报/侦察/监视传感器使用,发送探测到的地面目标的识别、位置、时间和武器系统状态等信息,供操作员和其他系统使用。一旦定位了移动中的时间关键目标,操作员立即命令LO-CAAS攻击网络中心化协作式目标识别系统追踪到的移动目标。而LOCAAS一旦有了攻击的目标,便立即改变其预定的飞行弹道至接近目标的最优弹道上。真实和虚拟的LOCAAS都通过数据链路获取实时信息,一并参与到协同攻击中。

2)遥操作技术

遥操作是指操作者在本地对主操作器的操作,实现对远端危险场所无人系统

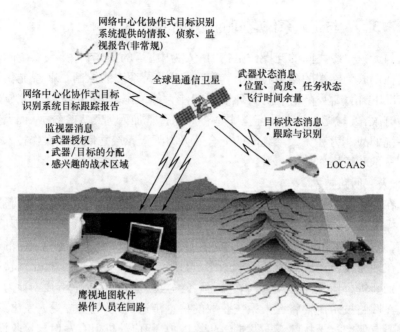

图 6.9　LOCAAS 人在回路作战概念示意图

的远距离操作,遥操作系统一般由主端、从端、信号传输 3 个基本部分组成,主从端分别为具有一定运动自由度的动力学系统,信号传输媒介可以是数据专线也可以是 Internet 网络系统,系统能将人所在的主端命令和行为传递并作用于远端,实现对远端环境的期望操作和控制。尤其是如今将 Internet 网络系统作为遥操作信号传输的媒介,即网络遥操作系统,系统的跨空间性、交互多样性、低成本、高效率、易维护性、可重构性等特点更加明显。

对于工作在高空、深海、核辐射等环境中的无人系统,由于空间环境的复杂多变和当前智能技术的发展限制,完全依靠其自主完成任务是不现实的,因此通过操作者利用遥操作设备来实现对远端无人系统的遥操作成为一种必然,遥操作在人难以到达或接近的环境下无人系统控制中发挥了越来越重要的作用。

在遥操作系统尤其是网络遥操作系统中,由于存在信号传输时延,严重降低操作的效率,同时也影响操作者的判断和感知能力,这也是遥操作系统面临的难题。针对该问题,国内外研究者正从 3 个不同的思路出发加以研究解决:基于电路网络理论的无源控制法则、基于现代控制理论的控制算法和基于虚拟现实技术的控制结构和控制策略,这也是遥操作系统的 3 大关键技术。其中,基于虚拟现实技术的控制结构和控制策略中的预测显示(Predictive Display)是当前研究和应用得最多的大时延遥操作关键技术。它提出了一种基于时间和位置的预测显示方式,通过

162

采用实时图形仿真技术、预测补偿技术开发测试 – 控制算法或利用前向神经网络建立环境模型等,根据当前状态和反馈回的轨迹,根据当前状态下的时延,对系统状态进行预测,并以图形的方式显示给操作员,提高了系统的操作性和稳定性。

图 6.10 所示是一个液压伺服驱动的工程机器人,该系统主要由力反馈操作杆、D – Link 的 54M 无线 AP(Access Point)、视频发射/接收装置、仿真机器人及虚拟环境和各种压力、位移传感器组成,搭建了基于无线网络通信的遥操作平台。针对遥操作系统普遍存在的时延问题,该系统采用视频监控与图形预显相结合的技术,通过在控制回路中引入仿真机器人和虚拟环境,操作人员面向虚拟场景中的图形机器人来完成遥操作,利用图形机器人对操作者输入指令的即时响应来避开底层通讯时延的影响,现场机器人的动作是经过一定时间延迟后图形机器人运动的再现,从而很好地解决了时延环境下的遥操作问题。

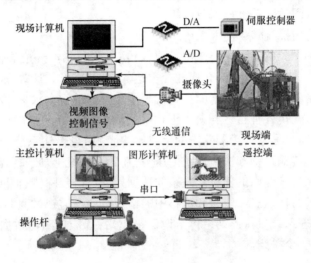

图 6.10　遥操作机器人系统组成

6.3.4　无人系统与有人武器系统的互操作技术

无人系统与有人系统的互操作技术就是解决无人系统与有人武器系统兼容性问题,实现高效的联合控制能力;这需要具有目标识别能力、精确的态势感知能力,系统间自主的信息交换以实现信息共享能力;同时还需要快速的反应计划和任务分配决策能力。

6.3.4.1　网络化是互操作的关键

根据美军的《2020 年联合设想》,未来作战模式将是完全意义上的"网络中心战"。各无人系统之间、无人系统与有人系统之间、盟国军队之间将成为一个互连互通的网络化实体,将产生目前战法无法比拟的作战优势。"网络中心战"实质是互操作能力的高度发展,要求对信息的处理达到了最高效能,从而实现完全意义上的协同作战。其功能在于,对己方任何一作战单元,可实现按需及时获取战场信息。

无人系统与有人系统的互操作技术主要是实现无人系统和有人系统的协同作战,协同作战的实现依赖于 3 个条件,即信息获取、信息共享、控制。信息获取主要是通过各类传感器;信息共享主要通过数据链(如 link 4A、link 12、link 16 等)和其他各类通信系统(战术无线电系统簇、战斗人员战术信息网、国防卫星通信系统、最低限度紧急通信网等);控制主要是通过各类软件系统对信息分析处理,进行任务分配和战斗决策。网络化就是将各类传感器系统、通信系统和控制软件连接成一个有机的整体,实现对各类信息收集、处理、存储、分发的网络化。

6.3.4.2 网络化关键技术及分析

1)先进的情报/侦察/监视系统

目前,战场图象的获取主要来源是成像传感器,包括红外成像传感器、可见光成像传感器、激光成像传感器、合成孔径雷达、毫米波成像雷达等,成像传感器的成像质量、是否受不利气候等因素的影响代表了传感器的技术水平;复合成像传感器集在全天候工作、抗各种自然与人为干扰等方面具有较好的性能成像传感器的一个重点发展方向。另外传感器获得的信息很多,对信息传输系统和决策系统是一个挑战,为缓解传输系统和决策系统的压力,在无人系统上加入智能传感器数据管理系统,可将来自各方面的信息经复杂的数据处理、选择、除错、辅助的目标识别与融合,形成关于目标、态势、威胁和进行中的情报/侦察/监视过程的综合信息,智能传感器数据管理系统只将此结果传至地面接收站;智能传感器数据管理系统开发也是互操作的一个关键。

2)数据链

在使用无线数据链时,机上系统尺寸、质量以及功率的最小化要求和波谱有限性等,很大影响了数据输率,此问题通过采用宽带效率良好的调制方式是可以解决的,但达到千兆赫兹频率时,无线频率的分配受更复杂频率的限制,特别是在 L 波段、S 波段、C 波段的 1GHz ~ 8GHz;同时空间激光通信在数据率方面可以超过无线通信,是未来研究的一个方向。目前主要使用数据压缩办法解决带宽限制,但是,仅用压缩算法还不能满足未来高性能传感器的要求;增强机上数据处理能力是解决问题的一个途径。

3)网络化的通信能力

网络化的通信能力取决于是否具有充足的容量、稳定性、可靠性、丰富的连接性,可实现信息在传感器之间、诸处理器之间、诸战斗人员之间和诸系统之间的有效传递。其开发中所必需的技术包括:大容量指向性数据链、高处理能理的大容量通路、模块式可编程序通路结构、标准通信规定和接口、移动体专用稳定程序、通信拓扑结构转换/加强、组级 QoS 和分层管理、多重链路/接口和平台型号对应、平台上方向选通功能、编入 INFOSEC/网络保密、增强性能型信息处理器。

4) 任务分配技术

由于机动武器在战场上执行任务需要付出路径代价(燃油消耗和时间消耗)和风险代价(被敌方发现和攻击的概率),而无人系统可以降低其他有人系统的路径代价和遭受威胁的风险,对一些重大威胁目标优先攻击,时间关键目标的择时攻击等使得协同任务分配成为必然。通过结合每一作战单元的损毁概率和所有其他武器系统所分派的任务产生的最佳协同计划能够提高系统的生存概率和预期性能。任务分配需要解决路径规划、任务排列、任务分配。

5) 智能的控制和决策系统

未来战场的信息是极其复杂的,智能的控制和决策系统能自动实现对信息的选择、组织和操纵,并能推断敌方意图和进行威胁评估,能根据作战单元的特点做出快速、专业且精确的决策,是未来研究的重点。

6.3.5 我国发展军用无人系统的互操作技术建议

由于无人系统在军事巨大作用,世界发达国家多年来进行广泛深入的研究,取得了较为成熟的研究成果,部分成果已实用化和产品化,而我国在这方面的研究起步晚,特别是在互操作方面。因此,为了在未来"信息及尺度不均衡战争"中能与敌实施有效的抗衡,尽早开展无人系统互操作技术的研究,对于军事斗争、反恐、捍卫国家主权和领土完整有着重大的现实意义。

(1) 全面规划无人系统互操作性建设的指导思想、建设原则、建设功能与具体性能要求。制定一个科学、合理且不断完善的指导方针及其相关政策和原则,明确发展目标和要求,可以指引我们集中有限的财力和人力投入到正确的发展方向,少走弯路,从而极大的促进整个无人系统互操作建设。

(2) 首先进行互操作体系框架建设,特别是构建人、无人系统、有人系统的信息互联体系建设。现代战争中,信息的交互尤为重要,因为高科技条件下的战争是陆、海、空、天多兵种和各种武器系统的联合作战,需要战斗指挥、各有人系统和无人系统等各种作战元素的相互协作和配合,而完善的战场信息互联体系是这种协作和配合的基础,它在很大程度上决定了整个作战系统的效能。

(3) 优先考虑互操作性的标准协议制订工作。互操作标准协议是互操作体系的基础,也是互操作技术发展的依据,只有制定了科学而合理标准协议才能更好的促进互操作技术的发展和进步。

（4）重点突破互操作性的关键技术。项目的进展情况往往与关键技术的突破情况有关；在互操作性中，自主信息交换技术，组网技术，智能传感器数据管理系统，智能任务决策技术，自动目标识别技术，网络时间延迟技术等是互操作的关键技术，必须重点突破。

（5）军用无人系统的互操作性建设工作，一定要坚持"产学研"相结合的发展模式，实现跨越式发展。走"产学研"相结合的科学发展道路，有利于发挥各参研单位的优势，实现优势互补，从而节约成本，缩短研制周期，最终实现我国军用无人系统互操作技术的跨越式发展。

第7章 炮射巡飞弹总体设计实例

7.1 炮射巡飞弹系统的系统分析

7.1.1 任务设想

炮射巡飞弹是以弹药状态由火炮、火箭炮等各类身管火炮发射,发射后,先以弹丸形态按照常规弹道飞行,然后进行"弹"–"机"转换,完成对敌精确打击、侦察监视、目标定位、空中搜索、毁伤效果评估、通信中继、电子干扰等作战任务的新型信息化弹药。图7.1为炮射巡飞弹系统的任务设想示意图。

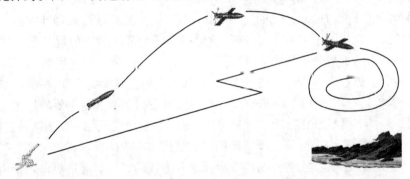

图 7.1 炮射巡飞弹系统的任务设想

7.1.2 系统需求分析

根据炮射巡飞弹系统的任务设想和系统用户提出的要求,可以确定炮射巡飞弹的系统需求如下:①与陆军中大口径火炮相兼容;②不小于 30km 航程;③不小于 30min 的工作时间;④能够提供近实时信息;⑤能够以较高精度提供目标信息;⑥自主飞行;⑦低成本。

根据系统需求,需要确定各种需求的优先次序,以确定系统的最重要和最不重要的需求。系统的用户需求及其权重如表 7.1 所列,并给各个系统赋予从 1 ~ 10 的相对权重。10 表示非常重要设计时需要重点考虑的任务需求,1 表示不很重要的任务需求,实际设计中可以次要考虑的需求。

表 7.1　炮射巡飞弹系统的用户需求和权重

系统需求	权重	系统需求	权重
与发射平台兼容性	10	操作简单	10
低造价	10	高安全性	10
长巡飞时间	10	易于维护	9
近实时信息处理	9	精确目标辨识	9
高可靠性	8	高度自动化	8
长射程	5	强隐蔽性	5
长期储存能力	4	短反应时间	4

7.1.3　系统质量功能开发

炮射巡飞弹系统是一个涉及多学科的复杂系统的综合集成问题,根据系统需要对不同的技术和用户需求进行综合权衡与比较,确定系统重要的技术和用户需求,在设计时要给予重点的考虑。

质量功能开发(Quality Function Deployment)是总结系统需求和性能的一种系统分析方法。对于一个项目来说,进行质量功能开发分析的价值就是能够产生一个把用户需求转换成产品的参数、性能以及产品生产质量控制过程的图表转移结果。这种分析方法提前考虑了技术需求,消除了人的主观偏见,可以在项目组内进行交流,并能进行需求跟踪,在进行集成产品的开发时具有非常重要的作用。

表 7.1 中对系统用户需求和权重的分析是进行质量功能开发的第一步,根据表 7.1 中系统的用户需求和权重,下一步需要确定满足用户需求的技术需求。确定技术需求的方法可以通过专家咨询方式,广泛地征求各方面的意见。通过对每一个用户需求进行分析,就可以消除不同用户需求间重叠的技术需求,确定最终的技术需求。

技术需求确定后,下一步就要确定各种技术需求满足用户需求的程度。根据技术需求满足用户需求的程度,分别赋予从 1~10 的相对重要性的,10 表示非常重要设计时需要重点考虑的技术需求,1 表示不很重要,设计时可以次要考虑的技术需求。表 7.2 为经过讨论得出的炮射巡飞弹的主要技术需求及其相对重要性。

表 7.2　炮射巡飞弹系统的主要技术需求及其相对重要性

技术需求	相对重要性	技术需求	相对重要性	技术需求	相对重要性
结构强度	10	飞行控制性能	10	飞行传感系统	9
结构复杂性	10	飞行系统避障	10	数据通过量	9
升阻比	10	巡飞弹质量	9	图像分辨率	9
推进力	10	动力系统	9	无效质量率	8

7.1.4　系统功能流图

构造功能流图(Functional Flow Diagram)是系统需求分析和技术分析之后的另一个逻辑步骤。构建功能流图要首先把系统分成不同的功能模块,通过功能流图定义出各个模块的特殊功能,根据功能模块确定炮射巡飞弹系统的各子系统,进而确定系统的主要元件。炮射巡飞弹系统的功能流图如图7.2所示。

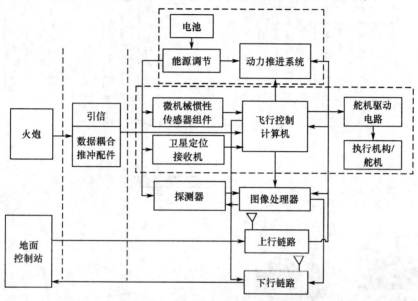

图7.2　炮射巡飞弹系统功能流图

图7.2中,用虚线框来分割各子功能模块。从图中可以看出,炮射巡飞弹系统主要包括射前准备模块(火炮发射平台)、姿态转换模块、飞行导航与控制模块、目标探测模块、信息处理与传输模块、能源与动力模块等功能模块。

各个子功能模块也可以继续细化功能。例如,系统飞行控制与导航模块的子功能流图如图7.3所示。

对于系统的各个子功能模块进行功能流分析,构建出各自系统的功能流图,就可以确定整个炮射巡飞弹系统的顶层系统结构及系统组成。

7.1.5　系统的顶层系统结构

根据炮射巡飞弹系统的功能流图表,可以确定系统对各组成部分的功能需求,以这些功能需求为基础,可以确定系统的顶层系统结构。图7.4为炮射巡飞弹系统的顶层系统结构示意图。

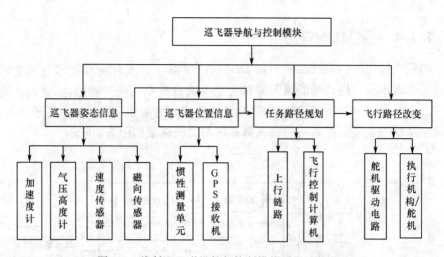

图 7.3 炮射巡飞弹导航与控制模块的子功能流图

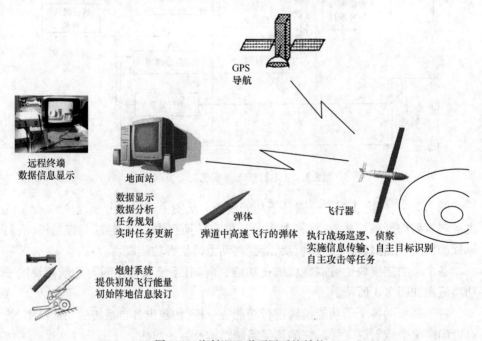

GPS
导航

远程终端
数据信息显示

地面站

数据显示
数据分析
任务规划
实时任务更新

弹体

弹道中高速飞行的弹体

飞行器

执行战场巡逻、侦察
实施信息传输、自主目标识别
自主攻击等任务

炮射系统
提供初始飞行能量
初始阵地信息装订

图 7.4 炮射巡飞弹顶层系统结构

地面站是炮射巡飞弹与系统使用者之间的连接装置。地面站用来预规划炮射
巡飞弹系统的任务。在系统开始工作之后,地面站用来接收来自战场的侦察图像,
通过下行链路接收来自巡飞弹的数据信息,并在远程终端上显示,用户可以通过分
析远程终端上显示的数据,利用上行链路对巡飞弹进行实时任务规划与更新。

弹体作为炮射系统与巡飞弹相关联的一个系统元件,要受到炮射系统的约束,弹体必须与发射系统相兼容,还要承受发射时的高过载,这是整个炮射巡飞弹系统设计中要考虑的一个关键环节。对于内部有膛线的发射系统而言,弹体在发射后,能够几百赫兹的高转速旋转。因此,系统必须能够承受高自旋速度,或者采用减旋措施,降低巡飞弹自身的旋转速度。

巡飞弹作为炮射巡飞弹系统的任务执行单元,巡飞弹内装载有效载荷(红外、CCD摄像头、激光雷达探测器等),在目标上空进行巡飞,采集战场信息,并把信息传递到地面站。对于执行侦察/攻击一体化任务的系统来说,还必须配备有战斗部,以对目标进行打击。

为了保证巡飞弹能够进行良好的可控飞行,巡飞弹上必须配备必要的传感器元件(气压高度计、加速度传感器、陀螺等)以获得巡飞弹的实时姿态信息,传递给飞控计算机,以驱动舵机进行控制。此外,采用 GPS/INS 组和导航的方式,对巡飞弹进行导航。

7.1.6　技术指标分析

根据上面的分析,可以得出开发炮射巡飞弹系统的目的是发展一个由中大口径发射的、具有快速反应与响应能力的、内部装有特定有效载荷的、能够执行多种任务的新型武器系统平台。根据不同的用户需求,可以得出不同的任务方案。表 7.3 是各种任务方案的技术需求比较。表中从上至下对系统的需求量级逐渐增大。

表 7.3　各种任务方案的技术需求比较

任务	射程 km	巡飞时间	工作时间	侦察区域
连排侦察	~75	小于 30min	小于 30min	1~2km²
毁伤评估	75+	小于 30min	小于 30min	1~10km²
通信中继	75+	大于 4h	大于 4h	1~10km²
搜索疾行	150~200	小于 30min	小于 30min	1~2km²
搜索/瞄准	100+	大于 4h	大于 4h	1~10km²
区域侦察	75+	大于 4h	大于 2h	大于 140km²
长续航力	100+	大于 4h	大于 4h	大于 140km²
路径侦察	100+	大于 1h	大于 1h	大于 100km

上面显示了三种总体任务:长航时任务、信息系统任务和短续航任务。长航时任务包括大侦查范围、长侦查续航力、侦查路径。信息系统任务包括通信中继。短续航任务包括连排级侦察、毁伤效果评估等。

7.1.7　作战运用方式

炮射巡飞弹可以采用"发射后不管"和"操作人员在回路"两种作战方式。

如果炮射巡飞弹采用"发射后不管"的自主巡飞攻击方式,则弹载探测装置(CCD 摄像头、红外探测器、激光雷达探测器等)必须能够以较高的分辨率探测目标,识别特定的目标特征;采用自主目标识别算法不断地处理影像,并依据任务前预装到武器存储器中的三维模板,识别和捕获目标;并由弹载计算机确定该地区是否有优先攻击的目标,当探测到这种目标的迹象时,向巡飞弹发出在可疑目标上空巡飞的指令,产生目标的三维影像,以获取更多的数据,确定是否是目标。一旦确定是目标,并确定攻击,即向巡飞弹发出飞行到位的指令,瞄准产生最佳效应的点进行攻击。如图 7.5 所示为"发射后不管"自主巡飞攻击信息交流框图。

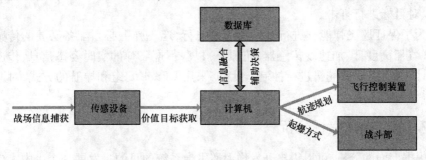

图 7.5 "发射后不管"作战方式信息交流框图

如果采用"人在回路中"的作战方式,则探测装置能通过可靠的联网数字保密数据链路,近实时地将信息和影像发送给地面站,数据链路可传送影像信息和控制信息,支持飞行中的巡飞弹和地面站之间进行双向通信。任务规划员计算机将能在电子地图上显示图像,表明巡飞弹发射装置位置,并在双向链路的帮助下表明巡飞弹的飞行状态以及巡飞弹确定的目标,使操作员能选用飞行中的巡飞弹询问其状态和发现目标的情况,变动其任务而改变飞行路线,改变目标清单和自主目标识别置信域,或者向巡飞弹进行任务分配,完成对目标的打击。如图 7.6 所示为"人在回路中"作战方式信息交流框图。

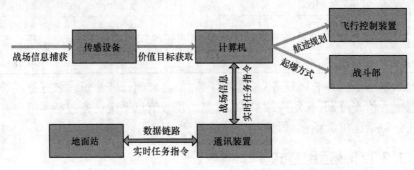

图 7.6 "人在回路"作战方式信息交流框图

172

7.2　炮射巡飞弹系统的概念设计与评估

7.2.1　概念设计

炮射巡飞弹系统的概念设计,充分参考了国外相关项目的研究经验,并结合国内当前的相关行业的技术水平,初步确定了以下几种概念构思。

1)直接发射式构思

第一种方案是直接发射式构思,如图 7.7 所示为直接发射式构思方案外形示意图。此构思中,炮射巡飞弹首先以弹丸形态从 152mm 口径榴弹炮中直接发射,发射后,首先进行弹道飞行,在弹道过程中,展开机翼和尾翼,起动动力装置,巡飞至目标区域,执行战术任务。

此种构思方案,巡飞弹的估计重量为 36 ~ 40kg,直径约为 152mm,按照 100km/h 的巡航速度,最大升力系数取 1.5 时,所需的最小机翼面积为 0.56m²。

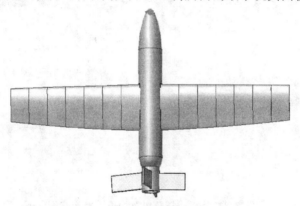

图 7.7　直接发射式构思方案外形图

2)弹载抛撒式构思

弹载抛撒式构思方案,采用 152mm 口径榴弹炮母弹作为载体,首先按照常规弹道飞行一段距离,在弹道中的某点,将巡飞弹从母弹中抛撒,然后展开机翼、尾翼,起动动力装置,巡飞至目标区域,执行战术任务。与直接发射式构思相比,此种构思在发射时可以保持总重量与发射系统标准炮弹重量相近,以获得最优弹道,而在巡飞弹进入工作状态前,将母弹载体抛弃,减轻了巡飞弹工作时的无效质量,可以降低系统对巡飞弹机翼面积和动力系统的要求。弹载抛撒式炮射巡飞弹的构思的重点是由"弹"向"机"转换过程中,机翼展开过程的设计,由于此种构思中,巡飞弹工作时的质量比方案一中的质量小,对巡飞弹工作时机翼面积的要求大大减小,可以同时使用充气机翼和折叠机翼来达到要求,采用充气机翼的方案设计和方案一的设计相似,故以下几种构思方案的重点集中在对折叠机翼方案的构思中。

（1）外露式折叠机翼构思。

外露式折叠机翼构思,此方案中机翼由机翼、转轴、弹簧等组成。如图7.8所示为外露式折叠机翼方案机翼展开过程示意图。机翼整体由8片小的机翼组合而成,每片小机翼的外形均按照一定的气动外形设计,当巡飞弹状态转换伞稳定后,巡飞弹的机翼按照图7.8中所示意的过程进行"弹"-"机"转换。

图7.8　外露式折叠机翼构思方案示意图

母弹内巡飞弹的直径约为140mm,为了减轻巡飞弹的重量,巡飞弹采用轻质复合材料设计,巡飞弹的估计重量约为12kg,按照100km/h的巡飞速度,最大升力系数取1.5时,所需的机翼最小面积为0.168m^2。

（2）内藏式折叠机翼构思。

内藏式折叠机翼构思方案,此方案中机翼由折叠翼、转轴(簧)、锁定机构、升降机构等组成。如图7.9所示为内藏式折叠机翼方案机翼展开过程示意图。当巡飞弹状态稳定后,机翼在转轴(簧)的作用下从机体内水平转出,升降机构作用调整机翼位置,到位后锁定机构将机翼水平锁死,三节机翼横向展开,同时锁死,此时翼内的机翼受推力作用,从展开的机翼内部伸出、锁死。

巡飞弹各个相关参数与外露式折叠机翼构思方案基本相同。

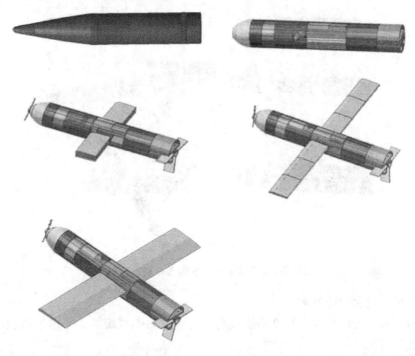

图 7.9　内藏式折叠机翼构思方案示意图

（3）仿 WASP 构思方案。

参照美国 WASP 炮射巡飞弹的设计思想。在母弹与内部巡飞弹之间增加一个套筒，套筒与巡飞弹之间通过一个可以旋转的支撑部相连接，可以为内部巡飞弹减速减旋，起到保护巡飞弹的作用。同时套筒进一步减轻巡飞弹的重量，减轻对动力装置的要求，增加巡飞弹工作时间。此方案中，巡飞弹与套筒共同放置在母弹内，套筒与巡飞弹之间通过一个可以转动的支撑部连接，支撑部可以限制巡飞弹轴向的移动，而两者之间可以存在转动，这样就可以避免弹道过程中母弹与巡飞弹之间的整体旋转，减轻巡飞弹的旋转过载。如图 7.10 所示为仿 WASP 方案构思方案示意图。

巡飞弹的估计重量为 6~10kg，巡飞弹直径约为 132mm，按照 100km/h 的巡飞速度，最大升力系数取 1.5 时，机翼如果采用图 7.10 中沿翼展方向三节折叠的方法，所需的最小机翼面积为 0.086~0.143m²。

7.2.2　概念设计评估与向下选择

1）概念设计的评估标准

炮射巡飞弹系统的概念设计完成后，就需要对上述概念设计进行评估与比较，

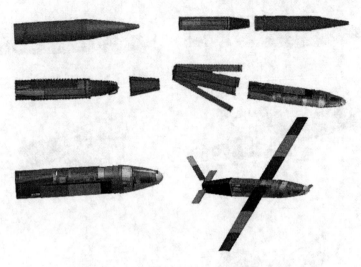

图 7. 10　仿 WASP 方案构思方案示意图

选择合理的概念设计方案。

（1）系统的结构复杂程度不能太高。炮射巡飞弹系统是一个多学科、高难度的系统集成问题。

（2）为了获得最优弹道，并减轻设计的难度，要保持系统的总体质量和母弹弹形与原 152mm 口径榴弹炮炮弹相接近，设计的重点放在对巡飞弹的设计上。

（3）要有足够的承载能力，巡飞弹的承载能力反映了系统所能装载的有效载荷质量的多少。巡飞弹的承载能力在设计中体现在设计方案所能提供的机翼面积的大小，所能提供的机翼面积越大，巡飞弹的承载能力越强。

（4）为了增强对巡飞弹动力系统的有效利用率，增加巡飞弹的工作时间，要降低巡飞弹的无效质量率。

（5）系统必须具有抗高过载和高旋转速度的能力。采用 152mm 榴弹炮发射，发射时，系统要承受将近 10kg 的高过载和 182Hz 的旋转速度。巡飞弹内部的电子设备所能承受的过载有限，必须采取一定的措施，以降低过载。

（6）为了保证巡飞弹能够正常工作，巡飞弹必须能够提供足够的机翼面积，并具有良好的翼形保持能力，以使巡飞弹获得良好的气动性能和飞行稳定性。

（7）要保证系统元件的技术可用性。要确保所选用的构思方案使用的系统元件有足够的数量可以选购。

2）概念设计评估

根据上述概念设计评估标准，下面对所提出的几种构思方案进行评估。

方案一中的构思方法，系统结构最为简单，采用直接发射的方式，巡飞弹直接进行"弹"–"机"转换,过程中基本不移除无效质量,巡飞弹要承受高过载、高转速,巡飞弹外壳需使用金属材料制作,致使系统无效质量率较大,对动力系统地需求较高。此外,此方案巡飞弹质量较重,只能采用充气机翼的设计构思,而充气机翼在翼形的保持能力和展开的同步性上存在不足。

方案二与方案三的构思方法,在"弹"–"机"转换后,能够移除无效质量,减轻了系统对动力系统的需求,可以增加巡飞弹的工作时间,此两种方案所采用的折叠式机翼方案,机翼展开过程比较复杂,展开动作较多,致使系统结构复杂程度较高,设计风险较大。此外,与方案一相比,此两种构思方案,巡飞弹采用轻质复合材料,其承受高过载的能力不如方案一。

与前几个方案相比,方案四的构思方法,在母弹和巡飞弹之间加入了一个套筒后,将发射时作用在巡飞弹上的过载降低,通过避免套筒和巡飞弹整体旋转的方式,降低了巡飞弹的旋转速度,使得巡飞弹具有较好抗高过载和高旋转速度的性能。此方案采用的机翼展开方式,结构复杂程度较低,设计中容易实现。此方案在移除母弹外壳和套筒后,巡飞弹可用的直径仅为130mm左右,巡飞弹内可用空间少,按这种机翼折叠方式,可以设计的机翼面积约为0.13m²。此机翼面积对于需要携带战斗部的侦察/攻击一体化巡飞弹来说较小,所能携带的有效载荷质量有限。表7.4为上述四种构思方案概念评估比较表。

表7.4 四种构思方案概念评估比较表

比较内容 / 方案	直接发射式	弹载抛撒式		
	方案一	方案二	方案三	方案四
结构复杂程度	低	高	高	一般
弹道保持性能	高	高	高	高
承载能力	高	一般	一般	一般
无效质量移除	低	一般	一般	高
抗高过载能力	高	一般	一把	高
机翼面积	高	一般	一般	一般
翼形保持	低	一般	一般	高
机翼展开同步性	低	一般	一般	高
元件技术可用性	一般	一般	一般	高

通过上述几个方案的比较,弹载抛撒式构思方法的总体设计风险性比直接发射式要低,可以初步确定采用方案四中所述的弹载抛撒式构思方法,在下一步的设计中,对于弹载抛撒式的构思方法,要进一步寻求新的机翼折叠方式,增加所能提供的机翼面积。

7.3　炮射巡飞弹系统的总体方案设计

7.3.1　总体技术方案

系统由母弹、套筒和巡飞弹三部分组件组成,巡飞弹采用折叠机翼、折叠尾翼常规气动布局,装载炮射巡飞弹的152mm炮弹全弹示意图如图7.11所示。巡飞弹置于套筒中,它们之间靠滚动轴承连接,可以解决巡飞弹的抗过载和减旋;套筒置于母弹弹体内,母弹抛撒套筒方案采用后抛式剪切螺纹方式,套筒采用纵向分瓣式结构,当套筒脱壳后套筒在空气阻力下自动脱落,采用降落伞减速、减旋,并辅助巡飞弹完成"弹"-"机"状态转换。

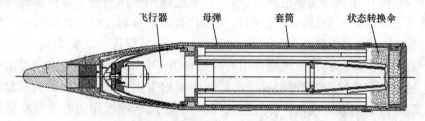

图7.11　炮射巡飞弹系统母弹、套筒和巡飞弹结构布局

7.3.2　炮射巡飞弹系统工作过程分析

炮射巡飞弹的工作过程大致可以分为以下5个阶段:射前准备阶段、常规弹道阶段、开舱抛撒阶段、弹机转换阶段、巡飞阶段。如图7.12为炮射巡飞弹工作过程示意图。

弹丸发射和常规弹丸弹道飞行期间,携带巡飞弹和套筒的母弹高速旋转,套筒与母弹弹体巡飞弹与母弹采用滚动轴承连接,实现巡飞弹的减旋;到达预定的开舱点时,开舱引信作用,把套筒及巡飞弹从母弹中抛出,一级减速伞打开,减速减旋,套筒脱壳,二级减速伞张开进一步减速减旋,巡飞弹开始"弹"-"机"转换,折叠式螺旋桨张开,电机启动,巡飞弹机翼、尾翼展开,完成由弹丸形态向巡飞弹形态的转化,同时抛掉状态转换降落伞,炮射巡飞弹经下滑拉起进入自主巡飞,巡飞弹根据航迹规划,由成像系统对目标进行侦察,并将捕获的信息经图象压缩编码传送到地面站,完成在预定作战区域的侦察或毁伤效果评估。

1)射前准备阶段

此阶段主要解决发射前任务规划和导航信息、初始定位信息、开仓信息等的装定问题。

178

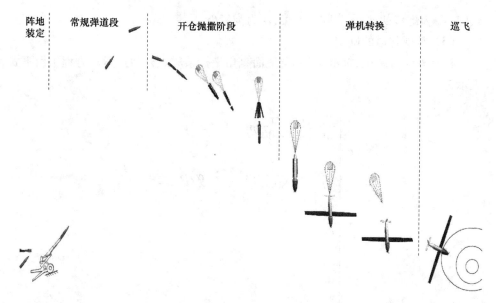

图 7.12　炮射巡飞弹工作过程示意图

发射前,在阵地对母弹引信进行装定,确定母弹的开仓点,同时通过引信将任务规划、导航信息、初始定位信息传递到飞行控制计算机。

2)常规弹道阶段

此阶段主要解决母弹发射时的抗高过载问题和弹道过程中的减旋问题。

(1)发射过载的计算。

火炮发射过载的计算按照如下公式可以求得,即

$$a = \frac{P\pi D^2}{4\phi M} \tag{7.1}$$

$$\phi = \phi_0 + \frac{1}{3}\frac{w_z}{G} \tag{7.2}$$

式中:P 为内弹道所提供的膛压;D 为弹丸的口径(152mm);M 为弹丸的质量(kg);ϕ 为次要功系数;ϕ_0 由火炮射击提供,查表榴弹炮取 1.06;w_z 为发射药质量(kg);G 为弹丸质量(kg)。

(2)炮口转速的计算。

炮射巡飞弹系统采用榴弹炮发射,母弹在膛内膛线作用下,不断加速旋转,在炮口旋转速度达到最大。炮口转速可以按照如下公式求得,即

$$\omega_0 = \frac{2\pi}{\eta D}V_0 \tag{7.3}$$

179

式中:V_0 为炮口初速;η 为膛线缠度;D 为弹径(m)。

（3）常规弹道的确定。

根据外弹道理论,标准条件下,地面直角坐标系质点外弹道运动方程组由下式表示为

$$
\begin{cases}
\dfrac{\mathrm{d}v_x}{\mathrm{d}t} = -\dfrac{\pi}{8000}c\rho C_{x\theta i}(M,\alpha)vv_x \\[2mm]
\dfrac{\mathrm{d}v_y}{\mathrm{d}t} = -\dfrac{\pi}{8000}c\rho C_{x\theta i}(M,\alpha)vv_y - g \\[2mm]
\dfrac{\mathrm{d}x}{\mathrm{d}t} = v_x \\[2mm]
\dfrac{\mathrm{d}y}{\mathrm{d}t} = v_y \\[2mm]
v = \sqrt{v_x^2 + v_y^2}
\end{cases} \tag{7.4}
$$

根据上述方程,可以建立其 simulink 仿真模型,如图 7.13 所示。

仿真得出炮射巡飞弹系统弹道诸元 – 时间曲线如图 7.14 所示。

3）开舱抛撒阶段

此阶段中,弹上时间引信引燃弹体头部的抛射药,套筒在抛射药所产生的压力作用下,向后剪切弹底螺纹,实现套筒与母弹的脱离。

套筒从母弹中抛撒后,前套筒失去母弹约束,自动脱离。连接在套筒尾部的一级减速伞张开,后套筒及内部巡飞弹在减速伞作用下减速、减旋,直到平衡落速时,后套筒与内部巡飞弹脱离。

4）弹机转换阶段

此阶段中,巡飞弹从套筒中抛撒后,打开尾部的二级减速伞,对巡飞弹进一步减速,同时,巡飞弹的折叠机翼、尾翼由于失去约束,借助风和自身机构扭簧的作用逐渐展开。待折叠机翼、尾翼完全展开后,抛掉二级减速伞。

二级降落伞抛掉后,巡飞弹开始进入姿态调整过程。确定姿态调整过程中无人巡飞弹的调整时间与轨迹,对于确定巡飞弹弹道中的开仓抛撒点,进而确定巡飞弹系统的工作过程具有重要的意义。

姿态调整过程中,巡飞弹在抛掉降落伞后首先开始进行俯冲飞行。俯冲飞行具有下列运动特点:巡飞弹近似垂直俯冲,巡飞弹仍具有较大的垂直平面内飞行速度。

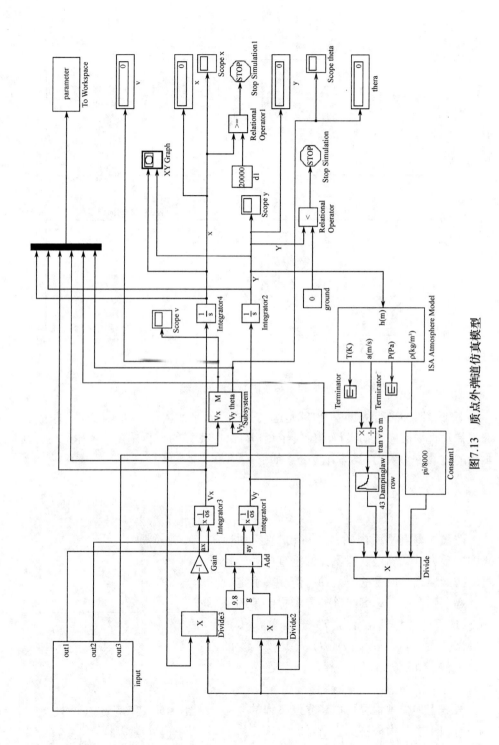

图7.13　质点外弹道仿真模型

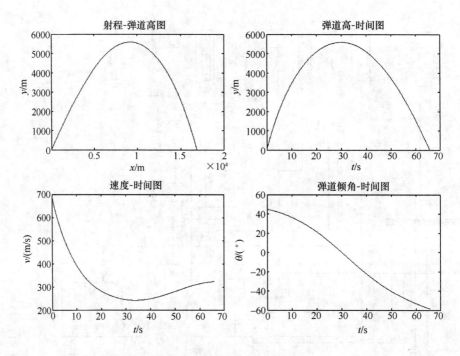

图 7.14　弹道诸元 – 时间曲线

巡飞弹俯冲飞行的过程,也就是巡飞弹在垂直平面内做机动飞行转弯的过程。巡飞弹垂直平面内机动飞行的旋转半径(R)由巡飞弹的飞行速度(V)和巡飞弹所承受的过载(n_y)确定,具体计算公式如下

$$R = \frac{V^2}{gn_y} \tag{7.5}$$

巡飞弹垂直平面内的最小机动半径,由巡飞弹的最大过载确定。巡飞弹的垂直机动半径可以按照巡飞弹所受的空气动力情况来确定。

巡飞弹在不考虑突风等外界干扰因素的影响下,巡飞弹受到机翼升力(T),自身重力(G),螺旋桨拉力(F_1),气动阻力(D),平尾所产生的控制力(F_w)的综合作用。图 7.15 为巡飞弹向压心简化后的受力情况示意图。

根据上述受力情况可以建立巡飞弹的姿态调整过程中的受力模型如下所示为

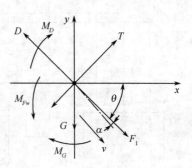

图 7.15　巡飞弹姿态调整过程中受力情况向压心简化示意图

182

$$\begin{cases} m\dfrac{\mathrm{d}v_x}{\mathrm{d}t} = T\sin\theta + F_l\cos(\theta - \alpha) - D\cos\theta - F_w\sin\theta \\[2mm] m\dfrac{\mathrm{d}v_y}{\mathrm{d}t} = T\cos\theta - F_l\sin(\theta - \alpha) + D\sin\theta - F_w\cos\theta \\[2mm] v_x = \dfrac{\mathrm{d}x}{\mathrm{d}t} \\[2mm] v_y = \dfrac{\mathrm{d}y}{\mathrm{d}t} \\[2mm] J\dfrac{\mathrm{d}\omega}{\mathrm{d}t} = M_{Fw} - M_G - M_D \\[2mm] \omega = \dfrac{\mathrm{d}(\theta - \alpha)}{\mathrm{d}t} \end{cases} \qquad (7.6)$$

按照上述受力模型,使用 MATLAB 软件编写此模型的仿真程序。按照炮射巡飞弹的设计参数,可以仿真得出巡飞弹姿态调整过程如图 7.16 所示。

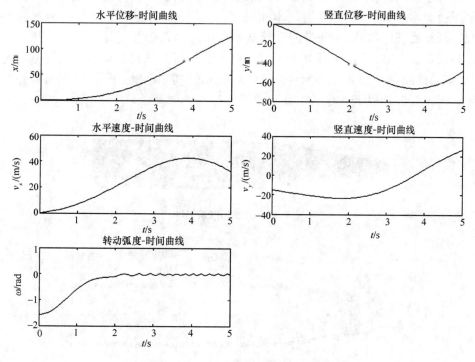

图 7.16　巡飞弹姿态调整过程仿真曲线

从上图中可以得出:在巡飞弹姿态调整过程中,巡飞弹抛掉尾部降落伞后,3.5s 后巡飞弹姿态基本调平,俯冲飞行情况已经消除,巡飞弹停止掉高。在此过程中,巡飞弹滑翔的水平距离为120m左右,所下降的高度在70m以内。巡飞弹姿态的调整为巡飞弹的有控飞行和完成预定飞行任务奠定了良好的基础。

5)巡飞阶段

巡飞弹完成姿态调整后,开始执行既定的任务,获取地面目标的图像信息,在进行图像压缩后,通过下行链路将数据信息传输回地面站,地面站也可以通过上行链路对巡飞弹进行实时任务更新。

7.4 炮射巡飞弹系统的结构设计

7.4.1 母弹设计方案

1)母弹结构外形设计

母弹由弹体、引信、抛射药、推板、伞舱、弹底等部分组成。为保证系统与发射平台的兼容性,弹体设计要满足152火炮发射环境,弹丸设计要考虑与152二型杀爆弹弹形系数一致,外弹道基本相同,弹壁的厚度要能承受全装药的发射过载。弹尾底部、定心部和弹带的设计基本参照二型杀爆弹设计。母弹的开仓采用剪切螺纹方案,通过射前阵地装定,由弹体头部引信在弹道中某点点燃抛射药,推动推板,由装载巡飞弹的套筒剪切弹底螺纹,实现抛撒。图7.17为母弹外形示意图。图7.18为母弹结构方案示意图。

图 7.17 母弹外形示意图

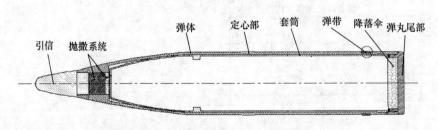

图 7.18 母弹结构方案示意图

2)母弹结构强度分析

母弹的强度主要考虑在发射时,弹体、弹底和弹带的强度。

184

（1）弹体强度校核。

当炮膛内膛压最大时，火药气体压力达到最大，弹丸加速度达到最大，由其引起的轴向惯性力也达到最大值，这时弹体各部分的轴向变形也达到最大。由于此时弹丸速度、角速度均很小，故可以忽略弹带压力和旋转产生的应力。分析可得，此时弹体上承受应力最大的断面（危险断面）为与弹底最近的 $n-n$ 截面，如图 7.19 所示。

具体计算公式如下，即

$$\overline{\sigma}_z = -\frac{p}{3m}\left(\frac{r^2}{r_{bn}^2 - r_{an}^2}\right)(2m_{\omega n} + 3m_n) \tag{7.7}$$

$$\overline{\sigma}_r = -\frac{p}{3m}\left(\frac{r^2}{r_{bn}^2 - r_{an}^2}\right)\left(2m_{\omega n}\frac{2r_{bn}^2 - r_{an}^2}{r_{an}^2} - m_n\right) \tag{7.8}$$

$$\overline{\sigma}_t = \frac{p}{3m}\left(\frac{r^2}{r_{bn}^2 - r_{an}^2}\right)\left(2m_{\omega n}\frac{2r_{bn}^2 + r_{an}^2}{r_{an}^2} + m_n\right) \tag{7.9}$$

式中：$\overline{\sigma}_z$ 为轴向相当应力；$\overline{\sigma}_r$ 为切向相当应力；$\overline{\sigma}_t$ 为径向相当应力；p 为计算膛压；r 为弹丸半径；r_{bn} 为断面上弹体的外半径；r_{an} 为断面上弹体的内半径；$m_{\omega n}$ 为作用在断面上的装填物的质量；m_n 为断面以上弹体联系质量（包括与弹体连在一起的其他零件，此处即为弹重减去弹底质量）。

（2）弹底强度校核。

炮弹在发射时，弹底直接承受火药气体压力和惯性力作用，使弹底部产生弯曲变形。当变形过大可能引起其上部装填物产生较大的局部应力。甚至使弹底破坏，导致膛炸事故的发生。弹底强度计算主要是从弯曲强度来考虑。

实际在弹底强度计算中，并不需要将弹底内所有位置的应力都计算出来，只需考虑其中某些较危险的位置即可。根据弹底变形的性质，分析可得，如图 7.20 所示的 4 个点位最危险的位置。

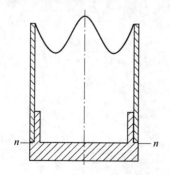
图 7.19 母弹发射时弹体危险断面分析

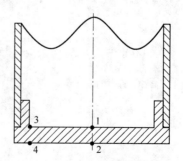
图 7.20 母弹发射时弹底危险点分析

分别分析这 4 个点的受力情况,可分别得出这 4 个点的径向应力、切向应力和轴向应力计算公式。

第 1 个点为

$$\sigma_{r1} = \frac{3\,\bar{p}_z r_d^2}{t_d^2}\Big(\frac{3.3 - 2k}{8}\Big) - p \qquad (7.10)$$

$$\sigma_{t1} = \frac{3\,\bar{p}_z r_d^2}{t_d^2}\Big(\frac{3.3 - 2k}{8}\Big) - p \qquad (7.11)$$

$$\sigma_{z1} = -p_c \qquad (7.12)$$

$$\sigma_1 = \frac{1}{\sqrt{2}}\sqrt{(\sigma_{z1} - \sigma_{r1})^2 + (\sigma_{r1} - \sigma_{t1})^2 + (\sigma_{t1} - \sigma_{z1})^2} \qquad (7.13)$$

第 2 个点为

$$\sigma_{r2} = -\frac{3\,\bar{p}_z r_d^2}{t_d^2}\Big(\frac{3.3 - 2k}{8}\Big) - p \qquad (7.14)$$

$$\sigma_{t2} = -\frac{3\,\bar{p}_z r_d^2}{t_d^2}\Big(\frac{3.3 - 2k}{8}\Big) - p \qquad (7.15)$$

$$\sigma_{z2} = -p \qquad (7.16)$$

$$\sigma_2 = \frac{1}{\sqrt{2}}\sqrt{(\sigma_{z2} - \sigma_{r2})^2 + (\sigma_{r2} - \sigma_{t2})^2 + (\sigma_{t2} - \sigma_{z2})^2} \qquad (7.17)$$

第 3 个点为

$$\sigma_{r3} = -\frac{3\,\bar{p}_z r_d^2}{t_d^2}\frac{k}{4} - p \qquad (7.18)$$

$$\sigma_{t3} = -\frac{3\,\bar{p}_z r_d^2}{t_d^2}\Big(\frac{k - 0.7}{4}\Big) - p \qquad (7.19)$$

$$\sigma_{z3} = -p_c \qquad (7.20)$$

$$\sigma_3 = \frac{1}{\sqrt{2}}\sqrt{(\sigma_{z3} - \sigma_{r3})^2 + (\sigma_{r3} - \sigma_{t3})^2 + (\sigma_{t3} - \sigma_{z3})^2} \qquad (7.21)$$

第 4 个点为

$$\sigma_{r4} = \frac{3\,\bar{p}_z r_d^2}{t_d^2}\frac{k}{4} - p \qquad (7.22)$$

$$\sigma_{t4} = \frac{3\,\bar{p}_z r_d^2}{t_d^2}\Big(\frac{k - 0.7}{4}\Big) - p \qquad (7.23)$$

$$\sigma_{z4} = -p \tag{7.24}$$

$$\sigma_4 = \frac{1}{\sqrt{2}} \sqrt{(\sigma_{z4} - \sigma_{r4})^2 + (\sigma_{r4} - \sigma_{t4})^2 + (\sigma_{t4} - \sigma_{z4})^2} \tag{7.25}$$

式中:σ_{ri}为第i点的径向应力;σ_{ti}为第i点的切向应力;σ_{zi}为第i点的轴向应力;σ_i为第i点的相当应力。

$$\bar{p}_z = p\left(1 - \frac{r^2}{r_d^2} \frac{m'_\omega + m_d}{m}\right) \tag{7.26}$$

$$p_c = p \frac{r^2}{r_d^2} \frac{m'_\omega}{m} \tag{7.27}$$

式中:$\bar{p}_z$为轴向等效载荷;p_c为内部承受装填物压力;r为弹丸半径;r_d为弹底半径;m'_ω为弹底面上装填物柱体质量;m_d为弹底部分质量;m为弹丸质量;t_d为弹底厚度;p为计算膛压。

（3）弹底剪切螺纹圈数的计算。

炮射巡飞弹采用后抛式剪切螺纹方式进行抛撒。为了保证套筒和巡飞弹顺利抛撒,必须确定弹底螺纹的圈数。弹底螺纹罗纹圈数的计算,首先根据炮射药量确定作用在弹底螺纹上的剪切力,然后根据螺纹剪切应力公式确定弹底螺纹的圈数,具体计算公式如下,即

$$\tau = \frac{F'}{k\pi dbz} \tag{7.28}$$

$$\tau \leqslant \frac{\sigma_b}{2} \tag{7.29}$$

式中:F'为作用在弹底螺纹上的力;k为载荷不均匀系数,此处取 0.75;d为螺纹小径;b为螺纹牙根部宽度;z为螺纹圈数。

7.4.2 套筒设计方案

套筒在发射阶段的主要任务是对内部巡飞弹进行保护,以减轻巡飞弹所承受的加速度过载和旋转速度;在"弹"–"机"转换阶段,又要保证套筒(含巡飞弹)能够有效、可靠地与母弹分离。为此套筒的设计采用分瓣式结构,套筒在结构上分为前后两部分,图 7.21 为套筒的结构外形示意图。套筒前部靠母弹的约束与内部巡飞弹结合在一起,以对巡飞弹进行保护,套筒前部在完成抛撒后,失去约束自动与巡飞弹脱离。

套筒后部靠支撑部与巡飞弹结合在一起,套筒与支撑部之间可以进行转动,

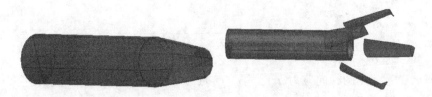

图 7.21　套筒的结构外形示意图

以对巡飞弹进行减旋。套筒后部与一级降落伞相连接,以实现减速的目的。如图 7.22为套筒后部的结构侧视图。

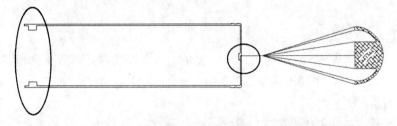

图 7.22　套筒后部的结构侧视图

后套筒的设计目标是要确保套筒在高速高旋时与巡飞弹保持一体,在低速低旋时能与巡飞弹可靠分离,以达到对巡飞弹进行保护的目的。

为此,后套筒的设计利用了平衡落速的原理。平衡落速是降落伞设计时将套筒降低到的目标速度,当套筒(含巡飞弹)速度未达到平衡落速时,降落伞将一直保持对套筒(含巡飞弹)进行减速。当速度达到所设计的平衡落速时,降落伞降不再继续给套筒(含巡飞弹)减速,系统将保持匀速向下飘落的状态。下面就对后套筒的设计方法进行具体的分析。

后套筒在从母弹中抛撒后至平衡落速前的受力情况如图 7.23 所示。套筒在此阶段受到尾部降落伞拉力 F_1,套筒底部各瓣结合处支架作用力 F_2,套筒旋转生的离心力 F_3,套筒对支撑部的径向压力 F_4,套筒与支撑部之间的摩擦力 F_5,套筒与支撑部之间的正压力 F_6。

在这些力的综合作用下处于平衡状态,受力方程如下

$$\begin{cases} F_1 + F_2\cos\theta - F_6 = ma \\ F_3 + F_5 = F_4 \\ F_1 l_1 + F_4 l_2 = F_5 l_2 + F_3 l_4 + F_6 l_3 \end{cases} \quad (7.30)$$

在速度降到平衡落速之前,套筒作用在支撑部的正压力较大,两者之间的摩擦

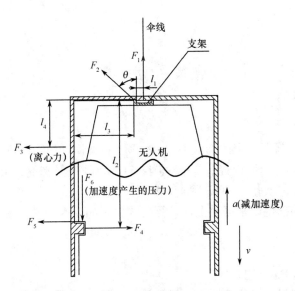

图 7.23　后套筒受力情况示意图

力较大,可以平衡高转速所产生的离心力;当套筒的速度降低到平衡落速时,巡飞弹作用在支撑部的轴向压力 F_6 变为零,套筒在径向只受离心力的作用,后套筒可以有效脱离。

套筒的强度分析主要考虑在发射时套筒的抗压强度和弹道过程中高速旋转时的抗扭强度。

1)套筒抗压强度分析

套筒发射时,套筒底部与母弹弹底直接接触,承受较大轴向应力。套筒轴向应力的计算公式为

$$\sigma = \frac{F}{s} \tag{7.31}$$

$$F = ma \tag{7.32}$$

$$S = \pi(r_b^2 - r_a^2) \tag{7.33}$$

式中:σ 为轴向应力;F 为套筒承受的轴向力;m 为套筒的质量;a 为套筒的轴向加速度;S 为套筒轴向受力面积;r_b 为套筒外径;r_a 为套筒内径。

2)套筒扭转强度分析

炮弹在炮膛内不仅要承受轴向载荷,获得轴向加速度,同时,为了使炮弹在弹道飞行时,保持稳定,需要给炮弹一定的转速,以使炮弹保持旋转稳定。套筒扭转强度计算公式为

$$\tau = \frac{Tr}{I_p} \tag{7.34}$$

$$I_p = \frac{\pi}{32}(D^4 - d^4) \tag{7.35}$$

$$T = \mu m a \frac{D}{2} \tag{7.36}$$

式中：τ 为扭转时横截面上的切应力；I_p 为截面的极惯性矩；T 为套筒承受的扭矩；D 为套筒外径；d 为套筒内径；r 为套筒半径；μ 为母弹与套筒之间的摩擦系数；m 为套筒与巡飞弹的质量之和；a 为加速度。

套筒壁厚的确定要根据由上述计算公式确定的壁厚的最大值。

7.4.3 巡飞弹设计方案

1）巡飞弹内部结构布局

巡飞弹是炮射巡飞弹系统执行任务的核心部分。根据炮射巡飞弹系统的任务需求和技术指标，经过分析可以得出巡飞弹由动力模块（螺旋桨、无刷电机）、信息模块（探测器、遥控接收机、定位系统等）、控制模块（自动驾驶仪等）、机翼模块、能源模块（电机电池、电路电池）、尾翼模块等组成，其组成框图如图 7.24 所示。巡飞弹各组成部件的总体结构布局如图 7.25 所示。

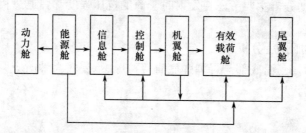

图 7.24　巡飞弹内部结构组成框图

2）巡飞弹折叠机翼尾翼设计

（1）折叠机翼的结构设计。

巡飞弹的机翼采用沿翼展方向三次折叠的设计方法，如图 7.26 为机翼在套筒内折叠状态示意图。

按照机翼折叠后靠近巡飞弹的顺序，将机翼分为内翼、中翼和外翼三部分。三折机翼之间采用扭簧连接，以保证在"弹"-"机"转换时，巡飞弹机翼能够顺利展开。在机翼展开到位后，要对机翼进行位置进行锁定，以保证其具有良好的翼形保持能力。如图 7.27 所示为折叠机翼各段连接方法及锁定结构示意图。

190

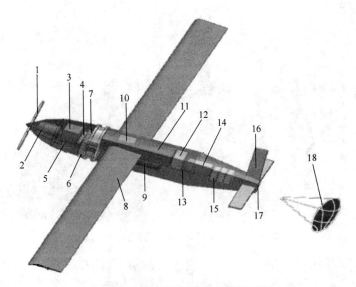

图 7.25 巡飞弹总体结构布局示意图

1—螺旋桨；2—电机；3—相机；4—数传电台电源；5—镜头；6—电子调速器；7—数传电台；
8—机翼；9—自动驾驶仪；10—GPS 天线；11—电池；12—自动驾驶仪电源；13—数传电台天线；
14—接收机；15—舵机；16—尾翼；17—抛伞装置；18—二级减速伞。

图 7.26 机翼在套筒内折叠状态示意图

（2）机翼主要参数的计算。

巡飞弹的最小机翼面积由保持巡飞弹平飞状态时机翼所提供的升力等于巡飞
弹的重量确定。计算公式为

$$L = G = \frac{1}{2}\rho v^2 C_{L\max} S \qquad (7.37)$$

式中：L 为巡飞弹的升力；ρ 为空气密度；v 为飞机速度；$C_{L\max}$ 为最大升力系数；S 为
机翼面积。

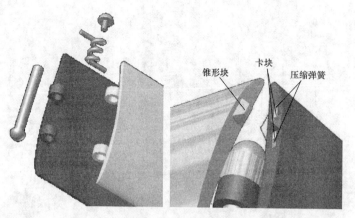

图 7.27 折叠机翼各段连接方法示意图

翼载的值使用巡飞弹的重量除以巡飞弹的参考(不仅是外露)机翼面积求得的。翼载度与巡飞弹的起飞总重有很大的影响。如果翼载减小,机翼的面积就要变大。这虽然可以改善性能,但由于机翼较大,会引起附加的阻力,将对系统动力系统的需求。翼载的计算公式为

$$\frac{W}{S} = \frac{1}{2}\rho v^2 C_{Lmax} \tag{7.38}$$

(3)折叠尾翼的结构设计。

巡飞弹的尾翼设计采用水平尾翼和垂直尾翼位于巡飞弹尾部的常规布局方式。尾翼操纵面的设计应保证巡飞弹在所有可能的状态下都能获得必需的稳定性和操纵性。图 7.28 为折叠尾翼的示意图,采用这种设计方式可以保证尾翼在抛掉二级降落伞后能借助风速和弹簧绕两个轴分别转 90°,并可靠展开。

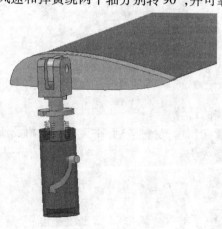

图 7.28 折叠尾翼的示意图

192

（4）尾翼主要参数的计算。

要实现尾翼对巡飞弹的良好的操纵性，必须要保证足够的尾翼面积，以为巡飞弹提供足够的控制力矩。巡飞弹尾翼面积的按照下述公式计算。

平尾面积计算公式：

$$S_{HT} = \frac{c_{HT} \bar{c} S_W}{L_{HT}} \tag{7.39}$$

垂尾面积计算公式：

$$S_{VT} = \frac{c_{VT} b_W S_W}{L_{VT}} \tag{7.40}$$

式中：c_{HT} 为平尾尾容系数；c_{VT} 为垂尾尾容系数；b_W 为机翼翼展；S_W 为机翼参考面积；L_{HT} 为平尾力臂；L_{VT} 为垂尾力臂；$\bar{c}$ 为机翼平均气动弦长。

3）巡飞弹结构外形设计

巡飞弹的结构设计既要保证其具有良好的气动外形，又要尽量减少巡飞弹的重量以增加巡飞弹的飞行时间和对动力系统的要求。

巡飞弹采用折叠式电动螺旋桨，折叠机翼和尾翼的结构布局。图 7.29 为折叠态巡飞弹外形示意图。图 7.30 为展开状态巡飞弹外形示意图。巡飞弹弹身材料除支撑部和部分连接件外，基本采用复合材料设计，这样可以减轻巡飞弹的重量。

图 7.29　折叠态巡飞弹结构外形图

图 7.30　展开状态巡飞弹外形示意图

193

为了便于巡飞弹内部元件的安装与拆卸,巡飞弹分为前、中、后三个舱段。前舱主要放置动力推进装置和探测装置,中舱主要放置动力电池、机翼、各种电子设备,后舱主要放置尾翼、舵机和二级降落伞。

涉及总体布局的原则、工作内容、基本方法和特别需要注意的问题。总体布局作为总体设计的一项内容,同总体设计一样,需要有科学和技术理论的指导,借鉴已有巡飞器产品的成果,更需要一些总体设计的经验,才能做好相关的工作。

参 考 文 献

[1] Martorana R T. WASP-A HIGH-g SURVIVABLE UAV[J]. AIAA's 1st Technical Conference and Workshop on Unmanned Aerospace Vehicles, 2002.

[2] 郭美芳. 巡飞弹:一种巡弋待机的新型弹药[J]. 现代军事, 2006.

[3] Tao T S. Design and Development of a High-Altitude, In-Flight-Deployable Micro-UAV [D]. US: Massachusetts Institute of Technology,2010.

[4] 张爱华. 以色列军用小型飞行器发展概览[J]. 飞航导弹,2010,9:19 – 23.

[5] 廖波. 折叠机翼飞行器的发展现状和关键技术研究[J]. 机械设计,2012,29(4).

[6] 李大光. 信息化新弹药—巡飞弹[J]. 国防技术基础,2009, 10:36 – 39.

[7] Shook G W. Design, Assembly, and Test of the Launch and Flight Support and Deployment System for a Gun Launched Reconnaissance Vehicle[D]. Massachusetts Institute of Technology, 1997.

[8] Casiez T D. Compact High-G Efficient Folding Wing For A Cannon-Launched Reconaissance Vehicle[D]. Massachusetts Institute of Technology, 1998.

[9] Chiu H R. Wide area surveillance projectile deployment system design and modeling[D]. Massachusetts Institute of Technology, 1998.

[10] Kessler S S. Design and manufacture of high-g UAV structure[D]. Massachusetts Institute of Technology, 1998.

[11] Liberman H J. Cannon Launched Reconnaissance Vehicle[P]. US, 1995.

[12] Goulart P G. A dynamics based method for accelerometer-only navigation of a spinning projectile [D]. Massachusetts Institute of Technology, 2001.

[13] Kahn A D. Design And Development Of A Modular Avionics System[D]. Georgia Institute of Technology, 2001.

[14] Davis J H Z. Hardware And Software Architechture Of Multi-Level UAVs[D]. Massachusetts Institute of Technology, 2002.

[15] Martorana R T. Flyer Assembly[P]. US, 2002.

[16] Vaglienti B. A Highly Integrated Avionics System[R]. CCT, 2003.

[17] Drouot A. Nonlinear Backstepping Based Trajectory Tracking Control of a Gun Launched Micro Aerial Vehicle[J]. AIAA Guidance, Navigation, and Control Conference, 2012.

[18] Alighanbari M. Task Asignment Algorithm For Teams Of Uavs In Dynamic Environments[D].

195

Massachusetts Institute of Technology, 2001.

[19] Bose B. Classifying Tracked Objects In Far-Field Video Surveillance[D]. Massachusetts Institute of Technology, 2004.

[20] Ohlmeyer E J. Guidance, Navigation And Control Without Gyros: A Gun-Launched Munitions Concept[J]. AIAA Guidance, Navigation, and Control Conference and Exhibit, 2002.

[21] Smith T. Ballute and Parachute Decelerators for FASM/Quicklook UAV[J]. AIAA Aerodynamic Decelerator Systems Technology Conferences, 2003.

[22] Simpson A, Santhanakrishnan A, Jacob J D, et al. Flying on air: UAV flight testing with inflatable wing technology[C]//Proceedings of the AIAA 3rd "Unmanned Unlimited" Technical Conference, Workshop and Exhibit. [S. l.]: AIAA, 2004: 2004 - 6570.

[23] Thomas R. Aeroelastic behavior of a non-rigidizable inflatable UAV wing[C]//Proceedings of the 47th AIAA/ASME/AHSI/ASC Structures, Structural Dynamics and Materials Conference and Exhibit. Newport: AIAA, 2006: 2006 - 2161.

[24] Graham. MK 82Ballute Retarder System Updated for Advanced Weapons Program[J]. 2001: 2001 - 2039.

[25] 朱一凡, 李群, 杨峰, 等. NASA 系统工程手册[M]. 北京: 电子工业出版社, 2012.

[26] 王建锋. 巡飞弹 GPS 简易导航技术研究[D]. 南京理工大学, 2007.

[27] 柏席峰. 小型巡飞弹引战配合分析[J]. 弹箭与制导学报, 2006, 26(2): 558 - 560.

[28] 纪秀玲. 管式发射巡飞弹的气动特点及设计[J]. 北京理工大学学报, 2008, 28(18): 953 - 961.

[29] 刘菲. 巡飞弹导航技术及其发展研究[J]. 飞航导弹, 2013, 12: 67 - 70.

[30] 许兆庆. 巡飞弹扇式折叠翼结构优化研究[J]. 南京理工大学学报, 2011, 4.

[31] 范彦铭. 飞行控制技术与发展[J]. 飞机设计, 2012, 32(4): 32 - 38.

[32] 吴文海. 飞行控制系统设计方法现状与发展[J]. 海军航空工程学院学报, 2010, 25(40): 421 - 426.

[33] Etkin B. Dynamics of atmospheric flight[M]. London: Wiley, 1972.

[34] Brockhaus R. Comparison of a mathematical one-point model and a multi-point model of a aircraft motion in moving air[M]. AGARD-AG-301, 1990.

[35] Schanzer G. Modeling of aerospace systems. Second Braunschweig Aerospace Symposium[J], TU Braunschweig, 1991.

[36] Pinsker W J G. Glide-path stability of an aircraft under speed constraint[M]. ARC R&M No3705, 1972.

[37] Brockhaus R. Aircraft-dynamics, state equations. in: Concise Encyclopedia of Modeling and Simulation[M]. Oxford: Pergamon Press, 1992.

[38] Doetsch K H. The time vector method for stability investigations[M]. ARC R&M Nr.

2945, 1967.

［39］Jategaonkar R V. Flight Vehicle System Identificaiton: A Time Domain Methodology［M］. AIAA Inc,2006.

［40］Jategaonkar R V. Evolution of Flight Vehicle System Identification［J］. Journal of Aircraft, 1996, 33(1):9 –28.

［41］Weiss S. X –31A System Identification Using Single Surface Excitation at High Angles of Attack ［J］. Journal of Aircraft, 1996, 33(3):334 –339.

［42］Wendel J. Comparison of Extended and Sigma-Point Kalman Filters for Tightly Coupled GPS/ INS Integration［J］. AIAA paper 2005 –6055, 2005.

［43］Jordan M I. Modular and Hierarchical Learning System［J］//The Hand book of brain theory and netural networks. The MIT Press,1995.

［44］叶萍. MEMS IMU/GNSS 超紧组合导航技术研究［M］. 上海:上海交通大学,2011.

［45］方艳艳. 机载组合导航系统综述［J］.黑龙江科技信息, 2013,30.

［46］于家锟. 抗高过载惯性器件设计与分析［D］. 沈阳:沈阳理工大学, 2012.

［47］先治文. 惯导系统高精度动态对准技术研究［J］. 控制工程, 2013, 1.

［48］Grimble M J. LQG optimal control design for uncertain system［J］. Proceedings of IEEE, 1990, Part D, 139:21 –30.

［49］Nogaard N. Neural networks for modeling and control of dynamic systems［M］. London:Springer Verlag, 2000.

［50］Zadeh L A. Fuzzy sets［J］. Information and Control, 1965, 8:338 –353.

［51］陈德源. 一类大机动导弹的非线性控制问题［J］. 系统工程与电子技术, 1995, 7:46 –54.

［52］叶茂林. 过失速大机动飞机的飞行控制律设计［J］. 飞机设计, 2001, 4:57 –63.

［53］薛定宇. 控制系统计算机辅助设计［M］. 北京:清华大学出版社, 2006.

［54］黄风华. 末敏弹减速导旋过程动力学特性分析［D］. 南京:南京理工大学, 2010.

［55］Jason W. Porus Euler-Larange Coupling: Applieation to parachute Dynamies［C］. Dearborn:9th International LS-DYNA Users Conferenee,2006.

［56］Allen H J. A Study of the Motion and Aerodynamic Heating of Ballistic Missiles Entering the Earth Atmosphere at High Supersonic Speed［R］. NACA-TN-4047, 1957.

［57］钱山. 一种弹道导弹再入弹道解析方法［J］. 飞行力学, 2007, 25(4):54 –57.

［58］钱学森. 工程控制论［M］.3rd. 北京:科学出版社, 2011.

［59］钱林方. 火炮弹道学［M］. 北京:北京理工大学出版社, 2009.

［60］方振平. 航空飞行器飞行动力学［M］.北京:北京航空航天大学出版社,2005.

［61］吴淼堂. 飞行控制系统［M］. 北京:北京航天航空大学出版社,2005.

［62］赵骥. 伞降式小型飞行器飞行参数实验测试系统研究［D］. 北京:北京理工大学, 2013.

［63］Ljung L. Development of system identification［C］. California:Proc. 13th World Congress of IF-

AC,1996, G:141 – 146.

[64] Azuma T. An experimental result on system identification over networks using delta-sigma transformation[C]. Proceedings of the 3rd International Conference on Sensing Technology, ICST 2008, 595 – 599.

[65] Chien-Hsun K. Closed-Loop System Identificaiton By Residual Whitening [J]. Journal of Guidance, Control, and Dynamics. AIAA, 2000,406 – 11.

[66] Algreer M. System Identification of PWM dc-dc Converters During Abrupt Load Changes[C]. IECON 2009-35th Annual Conference of IEEE Industrial Electronics (IECON 2009), 1788 – 1793.

[67] Titterton D, Weston J. Strapdown Inertial Navigation Technology[M]. 2nd. Beijing: National Defense Industry Press, 2006. Original English Language Edition published by The IEE2004.

[68] 安振昌. 地磁场模型的计算和评述[J]. 地球科学进展, 1993, 8(4):45 – 48.

[69] 车振. 地磁场模型理论及其应用[J]. 水雷战与舰船防护, 2007, 15(4):22 – 24.

[70] 胡寿松. 自动控制原理[M]. 北京:科学出版社. 2001.

[71] Shuster M D. Deterministic three-axis attitude determination[J]. The Journal of the Astronautical Sciences,2004,52(3): 405 – 419.

[72] Mortari D. Optimal linear attitude estimator[J]. Journal of Guidance, Control, and Dynamics, 2007,30(6): 1619 – 1627.

[73] Markley F L. Fast quaternion attitude estimation from two vector measurements [J]. Journal of Guidance, Control, and Dynamics,2001,25(2): 411 – 414.

[74] Markley F L. Optimal attitude matrix from two vector measurements[J]. Journal of Guidance, Control, and Dynamics,2008, 31(3): 765 – 768.

[75] Jategaonkar. R V. Bounded-Variable Gauss-Newton algorithm for aircraft parameter estimation [J]. Journal of Aircraft,2000,37(4): 742 – 744.

[76] Marins J L, Yun X. An extended Kalman Filter for quaternion-Based orientation estimation using MARG sensors[C]. Hawaii:Proceedings of the 2001 IEEE/RSJ International Conference on Intelligent Robots and Systems,2003 – 2011.

[77] Shuster M D,Oh S D. Three-axis attitude determination from vector observation[J]. Journal of Guidance and Control,1981, 4(1): 70 – 77.

[78] Liu F,Li J. An improved method to integrate low-cost sensors for the navigation of small UAVs [C]. South Korea:2012 12th. International Conference on Control, 2012:1980 – 1984.

[79] Phillips W F, Hailey C E. Review of attitude representations used for aircraft kinematics [J]. Journal of Aircraft,2000,38(4): 718 – 736.

[80] Shuster M D. The quest for better attitudes [J]. The journal of the astronautical science,2006, 54(3&4): 657 – 683.

[81] Jin Q. On the iteratively regularized Gauss-Newton method for solving nonlinear Ill-posed problems [J]. Mathematics of Computation,2000,26:1 – 21.

[82] Gebre-Egziabher D. Magnetometer autocalibration leveraging measurement locus constraints [J]. The Journal of the Aircraft,2007, 44(4): 1361 – 1368.

[83] 宋怡然,陈英硕,等.国外典型巡飞弹发展动态与性能分析[J].飞航导弹, 2013 (2): 37 – 40.

[84] 庞艳珂,韩磊,等. 攻击型巡飞弹技术现状及发展趋势[J].兵工学报, 2010 (31): 149 – 152.

[85] 宁津生,姚宜斌,等. 全球导航卫星系统发展综述[J]. 导航定位学报, 2013 1(1): 3 – 8.

[86] 程龙,周树道,等. 无人机导航技术及其特点分析[J].飞航导弹,2011(2): 59 – 62.

[87] 吴显亮,石宗英,等. 无人机视觉导航研究综述[J]. 系统仿真学报, 2010(22): 62 – 65.

[88] Lievens K P A, Mulder A, Chu P. Single GPS Antenna Attitude Determination of A Fixed Wing Aircraft Aided with Aircraft Aerodynamics[J]. AIAA Guidance, Navigation, and Control Conference,2005, 6056 – 6070.

[89] Vasconcelos J F, Oliveira P. Inertial Navigation System Aided by GPS and Selective Frequency Contents of Vector Measurements[J]. AIAA Guidance, Navigation, and Control Conference, 2005,6070 – 6085.

[90] Marins J L, Yun X. An Extended Kalman Filter for Quaternion-Based Orientation Estimation Using MARG Sensors[C].Proceedings of the 2001 IEEE/RSJ International Conference on Intelligent Robots and Systems,2001,2003 – 2011.

[91] Macmillan S, Maus S. International Geomagnetic Reference Field—the tenth generation [J]. Earth Planets Space,2005,57:1135 – 1140.

[92] Ell T A, Rutkiewicz B, Nielsen R. Development of Testbed for MEMS-based Air-Data, Attitude & Heading Reference Systems[J]. AIAA Guidance, Navigation, and Control Conference, Keystone, 2006, 6579 – 6606.

[93] Gebre-Egziabher D, Hayward R C, Powell J D. A Low-Cost GPS finertial Attitude Heading Reference System (AHRS) for General Aviation Applications[J]. New York:IEEE 1998 Position Location and Navigation Symposium, 1994,518 – 525.

[94] Lievens K P A, Mulder A, Chu P. Single GPS antenna attitude determination of a fixed wing aircraft aided with aircraft aerodynamics[C]. San Francisco:AIAA Guidance, Navigation, and Control Conference, 2005:6056 – 6070.

[95] Phillips W F, Hailey C E. Review of Attitude Representations Used for Aircraft Kinematics [C]. Journal of Aircraft,2001,4(38):718 – 737.

[96] Crassidis J L, Markley F L, Cheng Y. Survey of Nonlinear Attitude Estimation Methods [J]. Journal of Guidance, Control, and Dynamics, 2007,1(30):12 – 28.

[97] Tanygin S. Angles Only Three-Axis Attitude Determination [C]. Toronto: AIAA/AAS Astrodynamics Specialist Conference, 2010:7826 – 7848.

[98] Jin Q. On The Iteratively Regularized Gauss-Newton Method For Solving Nonlinear Ill-Posed Problems [J]. Mathematics of Computation, 2000(26):1 – 21.

[99] Kaltenbacher B, Hofmann B. Convergence Rates for the Iteratively Regularized Gauss-Newton method in Banach Spaces [J]. Inverse Problems,2010,69(232):1603 – 1623.

[100] Madyastha V K, Ravindra V C,Mallikarjunan S. Extended Kalman Filter vs. Error State Kalman Filter for Aircraft Attitude Estimation[J]. Portland: AIAA Guidance, Navigation, and Control Conference, 2011:6615 – 6638.

[101] 吴培中. 快鸟 – 2 卫星的技术性能与应用[J]. 国际太空, 2002, 10: 3 – 6.

[102] Graham R W. Small format aerial surveys from light and microlight aircraft[J]. Photogrammetric record, 1988, 12(71):561 – 573.

[103] 蒋云志. 低空小像幅航空摄影及其推广运用[J]. 测绘技术, 1993, 1: 21 – 24.

[104] 钱育华,吕振洲. 遥控飞机在航空遥感实践中的应用及评价[J]. 影像材料, 2001, 5 : 25 – 27.

[105] Herwitz R S, Lee F J, Arvesen J C. Precision Agriculture as a Commercial Application for Solar-Powered Unmanned Aerial Vehicles[M]. AIAA Paper, 2002: 2002 – 3404.

[106] Brown L G. A Survey of Image Registration Techniques[J]. Computing Surveys, 1992, 24 (4): 325 – 376.

[107] Rosenfeld A, Kak A C. Digital Picture Processing[M]. Orlando, FL: Academic Press, 1982.

[108] Svedlow M,McGillem C D,Anuta P E. Experimental Examination of Similarity Measures and Preprocessing Methods Used for Image Registration[J]. Symposium on Machine Processing of Remotely Sensed Data, 1976: 4 – 9.

[109] Barnea D I, Silverman H F. A Class of Algorithms for Fast Digital Registration[J]. IEEE Trans on Computers, 1972: 179 – 186.

[110] Josien P W, Pluim, J B, Antoine Maintz,et al. Image Registration by Maximization of Combined Mutual Information and Gradient Information[J]. IEEE Trans on Medical Image, 2000, 19(8): 809 – 813.

[111] Viola P A, Wells Ⅲ W M. Alignment by maximization of mutual information[J]. Computer Vision Proceedings, Fifth International Conference, 1995: 16 – 23.

[112] Collignon A,Maes F,Delaere D. Automated multi-modality image registration based on information theory[J]. Proc of the Information Processing in Medical Imaging Conference, 1995: 263 – 274.

[113] Macs F, Collegnon A, Vandermeulen D. Multimodality image registration by maximization of mutual information[J]. IEEE Trans on Medical Imaging, 1997, 16: 187 – 198.

[114] Josien P W, Pluim, J B. Image registration by maximization of combined mutual information and gradient information [J]. IEEE Trans on Medical Imaging. 2000, 19(8): 809 – 814.

[115] Thevenaz P, Unset M. Optimization of mutual information for multiresolution image registration [J]. IEEE Tran on Image Processing, 2000, 9(12): 2083 – 2098.

[116] Castro E D, Morandi C. Registration of translated and rotated images using finite Fourier transforms[J]. IEEE Trans. Pattern Anal. Machine Intell, 1987: 700 – 703.

[117] Kuglin C D, Hines D C. The Phase Correlation Image Alignment Method[J]. Proc. IEEE 1975 Int. Conf. Cybemetics and Society, 1975: 163 – 165.

[118] Ranade S, Rosenfeld A. Point pattern matching by relaxation[J]. Pattern Recognition, 1980, 12: 269 – 275.

[119] Fang-Hsuan C. Point pattern matching algorithm invariant to geometrical transformation and distortion[J]. Pattern Recognition Letters, 1996, 17:1429 – 1435.

[120] Stockman G, Kopstein S, Benett S. Matching images to models for registration and object detection via clustering[J]. IEEE Transactions on Pattern Analysis and Machine Intelligence, 1982, 4: 229 – 241.

[121] Kurnar S, Sallam M, Gold ol D. Matching point features under small nonrigid motion[J]. Pattern recognition, 2001, 34: 2353 – 2365.

[122] Huttenlocher D P, Klanderman G A, Rucklidge W J. Comparing images using the Hausdorff distance [J]. IEEE Trans. on Pattern Analysis and Machine Intelligence, 1993, 15: 850 – 863.

[123] Huttenlocher D P, Rucklidge W J. A multi-resolution technique for comparing images using the Hausdorff distance[J]. Proceedings of the IEEE Conference on Computer Vision and Pattern Recognition, 1993: 705 – 706.

[124] Olson C F, Huttenlocher D P. Automatic target recognition by matching oriented edge pixels [J]. IEEE Transactions on Image Processing, 1997, 6: 103 – 113.

[125] Goldberg D E. Genetic algorithms in search, optimization and machine learning[M]. London: Addison-Wesley, 1989.

[126] Leila M G, Fonseca. Automatic Registration of Satellite Images[J]. IEEE Computer Society, 1997: 219 – 226.

[127] Zheng Q, Chellappa R. A Computational Vision Approach to Image Registration[J]. IEEE Trans. on Image Processing, 1993, 2(3), 311 – 325.

[128] Djamdji J P. Geometrical registration of images: The multiresolution approach[J]. PE&RS, 1993, 59(5): 645 – 653.

[129] Moigne J L. The use of wavelets for remote sensing image registration and fusion[J]. SPIE, 1996:526 – 535.

［130］Corvi M, Nicchiotti G. Multiresolution image registration［J］. Proc. of 1995 International Conference on Image Processing, 1995:25 – 30.

［131］魏文忠. 多光谱图像融合中配准技术的研究及小波应用［D］. 北京:北京理工大学, 1995.

［132］Hsieh J W. Image registration using a new edge-based approach［J］. Computer Vision and Image Understanding, 1997,67(2): 112 – 130.

［133］Emre K, et al. Registration of satellite imagery utilizing the low-low components of the wavelet transform［J］. SPIE, 1997(2962): 45 – 54.

［134］Yang Z, Cohen F S. Image Registration and Object Recognition Using Affine Invariants and Convex Hulls［J］. IEEE Train. on Image Processing. 1999, 8(7): 934 – 946.

［135］Duda R O, Hart P E. Use of the Hough Transformation to Detect Lines and Curves in Pictures ［J］. Communications of the ACM, 1972, 15(1): 11 – 15.

［136］Llingworth J, Kitiler J. A survey of the Hough transform［J］. Computer Vision, Graphics, and Image Processing, 1988, 44: 97 – 116.

［137］Canny J F. A Computational Approach to Edge Detection［J］. IEEE Trans. on Pattern Analysis and Machine Intelligence, 1986, 8(6): 679 – 698.

［138］李小文. 利用拉普拉斯—高斯模板进行边缘检测［J］. 华南师范大学学报(自然科学版), 1997, 02:53 – 55.

［139］Otsu N. A Threshold Selection Method from Gray-Level Histograms［J］. IEEE Trans. on Systems,Man, and Cybernetics, 1979, 9(1): 62 – 66.

［140］Goshtasby A. A symbolically-assisted approach to digital image registration with application Incomputer vision［D］. Ph. D paper Dept of Computer Science, Michigan State University, TR 83 – 013,1983.

［141］Ooshtasby A, Stockman G C. A region-based approach to digital image registration with subpixel accuracy［J］. IEEE Trans. on Geoscience and Remote Sensing, 1986, 24(3): 390 – 399.

［142］Otilander R, Price K, reddy R. Picture segmentation using recursive region splitting method ［J］. Computer Graphics Image Processing, 1978, 8: 313 – 333.

［143］Ton J, Lain A K. Registering Landsat images by point matching［J］. IEEE Trans. on Geoscience and Remote Sensing, 1989, 27:642 – 651.

［144］Husser J, Suic T. Pattern recognition by affine moment invariants［J］. Pattern Recognition, 1993, 26: 167 – 174.

［145］Flusser J, Suk T. A moment-based approach to registration of images with affine geometric distortion［J］. IEEE Trans. on Geoscience and Remote Sensing, 1994, 32(2): 382 – 387.

［146］Dai X, Khorrani S. A feature-Based image registration aigonthm using Improved chain-code representation combined with invaiiant moments［J］. IEEE Trans. on Geoscience and Remote

Sensing, 1999, 37(5): 2351 – 2362.

[147] Bourret P, Cabon B. A neural approach for satellite image registration and pairing segmented areas[J]. SPIE, 1995, (2579):22 – 26.

[148] Wang W, Chen Y. Image registration by control points pairing using the invariant propeities of line segments[J]. pattern recognition letters, 1997, 18(3):269 – 274.

[149] Mann S, Picard R W. Video orbits of the projective group: A new perspective on image mosaicing[R]. MIT : Technical report, 1996.

[150] Szeliski R. Image mosaicing for tele-reality applications[J]. Technical report, Digital Equipment Corporation, Cambridge, USA, 1994.

[151] Szeflski R, Kong S B. Direct methods for visual scene reconstruction[J]. ICCV Workshop on the Representation of Visual Scenes, 1995.

[152] Press W, Flannery B, Teukolsky S,et al. Numerical Recipes in C[M]. Cambridge University Press, 1988.

[153] Bober M, Georgis N, Kittler J. On accurate and robust estimation of fundamental matrix[J]. In Proc.7th British Machine Vision Conference, 1996.

[154] Thevenaz P, Ruttimann U E, Unser M. A pyramid approach to subpixel registration based on intensity[J]. IEEE Trans. Image Processing, 1998, 7(1)·27 – 41.

[155] Montesinos P, Gouet V, Deriche R. Differential Invariants for Color Images[J]. Proceedings of 14th International on Pattern Recognition, 1998.

[156] Harris C, Stephens M. A combined corner and edge detector[J]. Proc. of 4th Alvey Vision Conf. , 1998: 147 – 151 .

[157] 孙即样,等. 模式识别中的特征提取与计算机视觉不变量[M].北京:国防工业出版社, 2001.

[158] Lowe D. Object Recognition from Local Scale-Invariant Features[J]. Procs of the International Conference on Computer Vision, 1999: 1150 – 1157.

[159] 马颂德,张正友. 计算机视觉:计算理论与算法基础[M].北京:科学出版社,2004.

[160] Hartley R, Zissemran A. Mutliple View Geometry[R]. In CVRP,1999.

[161] 张广军. 机器视觉[M]. 北京: 科学出版社, 2005.

[162] 于汉,陈辉,赵辉. 基于交叉垂直线的相机标定新算法[J]. 计算机应用, 2006: 26(1): 163 – 164,168.

[163] Chang S, Chen E. QuickTime VR-An Image-Based Approach to Virtual Environment[C]. In Proc. SIGGRAPH , 1995:29 – 38.

[164] Faugeras O. Three-Dimensionnal Computer Vision: A Geometric Viewpoint [M]. MIT Press, 1993.

[165] Capel D P. Image Mosaicing and Super-resolution[D]. PhD Thesis, Robotics Research Group

Department, University of Oxford, 2001.

[166] Huang Y, Fan N, Li J. Image Sensor System Requirements Analysis for Micro Aerial Vehicles [J]. The 7th International Symposium on Test and Measurement, 2007(7): 6048 - 6051.

[167] Tang X, Xia M. Key Techniques of UAV Multi-sensors Image Fusion[J], Journal of Naval Aeronautical Engineering Institute, 2005, 20(5).

[168] Wertz J R, Larson W J. Space Mission Analysis and Design[M]. Torrance, California: Microcosm Press, 1992.

[169] Mindru F, Moons T, Van Gool L. Recognizing color patterns irrespective of viewpoint and illumination[J]. IEEE Conference on Computer Vision and Pattern Recognition, 1999, 1: 368 - 37.

[170] Koenderink. The structure of images[J]. Biological Cybemetics,1984: 363 - 396.

[171] 胡志萍. 图像特征提取、匹配和新视点图像生成技术研究[D]. 大连:大连理工大学, 2005.

[172] Fishchler M A. Random Sample Consensus: a paradigm for model fitting with application to image analysis and automated cartography[J]. Communication Association Machine, 1981,24 (6):381 - 395.

[173] Tuytelars T, Gool L V. Content-based image retrieval based on local afinely invariant regions [J]. In Third International Conference on Visual Information Systems, 1999: 493 - 500.

[174] Lindeberg T. Scale space: A frame work for handling image structures at multiple scales[J]. Proc. CERN school of Computering, The Netherlands, 1996:695 - 702.

[175] Witkin A P. Scale-space filtering[J]. In Proceedings of the 8th International Joint Conference on Artificial Intelligence, Karlsruhe, Germany, 1983: 1019 - 1023.

[176] Lindeberg. Scale-Space for discrete Signals[J]. IEEE Trans. PAMI,1980, 20:7 - 18.

[177] Babaud J, Witkin A P, Baudin M, et al. Uniqueness of the Gaussian kernel for scale-space filtering[J]. IEEE Transactions on Pattern Analysis and Machine Intelligence, 1996, 8(1): 26 - 33.

[178] Florack L, Romeny B M, Koenderink J J, et al. Scale and the diferential structure of images [J]. Image and Vision Computing, 1992,10(6):376 - 388.

[179] Aviad Z. A Discrete Scale Space Representation[J]. ICCV, 1987: 417 - 421.

[180] 王润生. 图像理解[M]. 长沙:国防科技大学出版社, 1995.

[181] Burt P J. Fast Filter Transform for Image Processing[J]. CVGIP, 1981, 16:20 - 51.

[182] Burt P J, Kolczynski R J. Enhanced Image Capture Through Fusion[J]. ICCV4th, 1993: 173 - 182.

[183] Greenspan H. Learning Texture Discrimination Rules in a Multi-resolution System[J]. IEEE Trans. PAMI, 1994,16(9):894 - 901.

［184］ Daubechies I. The Wavelet Transform, Time-Frequency Localization and Signal Analysis［J］. IEEE Trans. Information Theory, 1990, 36(5): 961 – 1005.

［185］ Mallat S G. A Theory for Multi-resolution Signal Decomposition: The Wavelet Representation ［J］. IEEE Trans. PAMI, 1989,11(7):674 – 693.

［186］ Mallat S G. Singularity Detection and Processing with Wavelet［J］. IEEE Trans. Information Theory,1992, 38(2): 617 – 643.

［187］ Pei S C, Tseng C C, Lin C Y. Wavelet Transform and Scale Filtering of Fractal Images［J］. IEEE Trans. Image Processing, 1995, 4(5): 682 – 687.

［188］ Lindeberg T. Feature detection with automatic scale selection［J］. IJCV, 1998, 30(2): 79 – 116.

［189］ Tian G,Gledhill D,Taylor D. Comprehensive Interest Points Based Imaging Mosaic［J］. Pattern Recognition Letters, 2003, 24(9/10): 1171 – 1179.

［190］ Mikolajczk K, Schmid C. Indexing based on scale invariant interest points［J］. Proceedings of the 8th International Conference on Computer Vision, 2001, 1:525 – 531.

［191］ Mikolajczyk K,Schmid C. A Peformance Evaluation of Local Descriptors［J］. IEEE Transactions on Pattern Analysis and Machine Intelligence, 2005,27(10): 1615 – 1630.

［192］ 赵向阳,杜利民. 一种全自动稳健的图像拼接融合算法［J］. 中国图象图形学报, 2004, 9 (4): 417 – 422.

［193］ 陈虎. 基于特征点匹配的图像拼接算法研究［J］. 海军工程大学学报,2007, 04:65 – 68.

［194］ Jagannadan V,Prakash M C,Sarma R R,et al. Feature extraction and image registration of color images using Fourier bases［J］. IEEE Trans on Image Processing, 2005, 2: 657 – 662.

［195］ 李强,张钹. 一种基于图像灰度的快速匹配算法［J］. 软件学报, 2006, 17(2): 216 – 222.

［196］ Reddy B S, Chatterji B N. A FFT-Based Technique for Translation, Rotation and Scale Invariant Image Registration［J］. IEEE Trans on Image Processing, 1996, 2: 5 – 8.

［197］ Lowe D G. Distinctive image features from scale-invariant keypoints［J］. International Journal of Computer Vision, 2004(2):91 – 110.

［198］ Wolberg G. Digital Image Warping［M］. IEEE Computer Society Press, 1990.

［199］ Hou H S, Andrews H C. Cubic splines for image interpolation and digital filtering［J］. IEEE Trans ASSP. 1978,26(6):508 – 517.

［200］ Unser M,Aldroubi A,Eden M . Fast B-spline transforms for continuous image representation and interpolation［J］. IEEE Trans on PAMI,1991,13(3):277 – 285.

［201］ Burt P J,Adelson E H. A multiresolution spline with application toimage mosaics［J］. ACM Transactions on Graphics, 1983, 2(4):217 – 236.

［202］ Castleman K R. 数字图像处理［M］. 朱志刚,等译. 北京:电子工业出版社,2002:95 – 98.

[203] Strang G. Linear Algebra and its Applications[M]. 1997.

[204] Hartley R. Geometric Optimization Problems in Computer Vision[R]. Sys-Eng, Australian National University, 2002.

[205] Peleg S, Herman J. Panoramic mosaics by manifold projection[J]. In Proc. IEEE Conference on Computer Vision and Pattern Recognition, 1997.

[206] Ettinger S M, Nechyba M C, Ifju P G, et al. Vision-Guided Flight Stability and Autonomy for Micro Air Vehicles[J]. IEEE Intelligent Robots and System, 2002, (3):2134 – 2140.

[207] Cornall T, Egan G. Measuring Horizon Angle from Video on a Small Unmanned Air Vehicle [J]. 2nd International Conference on Autonomous Robots and Agents, 2004, (1):13 – 15.

[208] Ettinger S M, Nechyba M C, Ifju P G, et al. Towards Flight Autonomy:Vision-Based Horizon Detection for Micro Air Vehicles[J]. IEEE International Conference on Robotics and Automation, 2002, (2):568 – 573.

[209] 包桂秋,熊沈蜀,周兆英,等. 基于视频图像的微小型飞行器飞行高度提取方法[J]. 清华大学学报(自然科学版), 2003,43(11): 1468 – 1471.

[210] Cramer M, Stallmann D, Haala N. Direct georeferencing using GPS/INS exterior orientations for photogrammetric applications [J]. International Archives of Photogrammetry and Remote Sensing, 2000, 33(3): 198 – 205.

[211] Mostafa, M M R,Schwarz K. A multi-sensor system for airborne image capture and georeferencing[J]. Photogrammetric Engineering & Remote Sensing, 2000, 66(12): 1417 – 1423.

[212] Jan S. Optimizing Georeferencing of Airborne Survey Systems by INS/DGPS[M]. Ph. D. Thesis, UCGE Report, Canada:University of Calgary, Alberta, 1999.

[213] Ebner H, Kornus W, Ohlhof T. A simulation study on point determination for the MOMS-02/ D2 space project using an extended functional model[J]. International Archives of Photogrammetry and Remote Sensing, 1992, 29(4): 458 – 464.

[214] 王姝歆,颜景平,张志胜. 仿生飞行机器人的研究[J].机械设计,2003,20(06): 1 – 3.

[215] 袁昌盛,付金华.国际上微型飞行器的研究进展与关键问题[J].航空兵器,2005,12(6): 50 – 53.

[216] 曲东才.微型无人机研制的关键技术及军事应用[J].飞机设计,2007,27(03):46 – 51.

[217] Horn B,Schunck B. Determining optical flow[J]. Artificial Intelligence,1981(17): 185 – 203.

[218] Barron J L,Fleet D J, Beauchemin S S. Performance of optical flow techniques[J]. International Journal of Computer Vision, 1994, 12(1): 43 – 77.

[219] Galvin B, McCane B, Novins K,et al. Recovering motion fields: an analysis of eight optical flow algorithms[J]. In Proc. 1998 British Machine Vision Conference, Southampton, England, Sept 1998:196 – 204.

[220] Aubert G, Kornprobst P. Mathematical Problems in Image Processing: partial differencial

equations and the calculus of variations[M]. Springer, Beijing: 2005: 181 – 195.

[221] 吴晓明. 基于计算机视觉的机器人导航综述[J]. 实验科学与技术, 2007, 5(05): 25 – 28.

[222] Netter T, Franceschini N. A Robotic Aircraft that Follows Terrain using a Neuromorphic eye [C]. Conference on Intelligent Robots and Systems, Switzerland, 2002.

[223] Kwag Y K, Kang J W. Obstacle awareness and collision avoidance radar sensor system for low-altitude flying smart UAV[C]. Korea: Seoul, 2004.

[224] Ariyur K B, et al. Reactive inflight obstacle avoidance via radar feedback[C]. American Control Conference, Portland, OR, USA, 2005.

[225] McGee T G, et al. Obstacle Detection for Small Autonomous Aircraft Using Sky Segmentation [C]. Barcelona: International Conference on Robotics and Automation, 2005.

[226] Zengin U, Dogan A. Real-Time Target Tracking for Autonomous UAVs in Adversarial Environments A Gradient Search Algorithm[J]. IEEE Transaction on Robotics. 2007.

[227] Kulling K C, Ducard G, Geering H P. A simple and adaptive on-line path planning system for a UAV[C]. Athen: Mediterranean Conference on Control and Automation, 2007.

[228] Griffiths S, Saunders J, Curtis A, et al. Obstacle and Terrain Avoidance for Miniature Aerial Vehicles[J]. volume 33 of Intelligent Systems, Control and Automation: Science and Engineering. Springer, 2007.

[229] Hrabar S, Sukhatme G S, Corke P, et al. Combined optic-flow and stereo-based navigation of urban canyons for UAV[J]. In IEEE International Conference on Intelligent Robots and Systems. IEEE, 2005.

[230] Neumann T R, Bülthoff H H. Behavior-oriented vision for biomimetic flight control[C]. In Proceedings of the EPSRC/BBSRC International Workshop on Biologically Inspired Robotics, 2002.

[231] Krapp H G, Hengstenberg B, Hengstenberg R. Dendritic structure and receptive-field organization of optic flow processing interneurons in the fly[J]. Journal of Neurophysiology, 1998.

[232] Wehner R. Matched filters-neural models of the external world[J]. Journal of Comparative Physiology A, 1987.

[233] Schuppe H, Hengstenberg R. Optical properties of the ocelli of calliphora erythrocephala and their role in the dorsal light response[J]. Journal of Comparative Physiology A, 1993.

[234] Rekik, W, Bereziat D, Dubuisson S. Optical flow computation and visualization in spherical context. Application on 3D + t bio-cellular sequences[C]. New York: EMBS Annual International Conference, 2006.

[235] McCarthy C, Barnes N, Srinivasan M. Real Time Biologically-Inspired Depth Maps from Spherical Flow[C]. Roma: IEEE International Conference on Robotics and Automation, 2007.

[236] Torii A, Imiya A, Sugaya H, et al. Optical Flow Computation for Compound Eyes: Variational Analysis of Omni-Directional Views[C]. BVAI 2005, LNCS 3704, 2005:527 – 536.

[237] 孟秀云. 导弹制导与控制系统原理[M]. 北京:北京理工大学出版社, 2002.

[238] Fleet D J, Jepson A D. Computation of component image velocity from local phase information [J], Intern. J. Comput. Vis, 1990,5: 77 – 104.

[239] 苏家铎,等. 泛函分析与变分法[M]. 合肥:中国科学技术出版社,1993.

[240] 李成岳. 变分法与哈密顿系统:同宿轨道和异宿轨道引论[M]. 北京:科学技术文献出版社,2006.

[241] Horridge A. Pattern and 3d vision of insects[C]. In Aloimonos Y, editor. Visual Navigtion, Lawrence Erlbaum Assocciates, Mahwah, New Jersey, 1997: 26 – 59.

[242] Wang H, et al. Real-time obstacle detection with a single camera[J]. Hong Kong:Proc. IEEE International Conference on Industrial Technology, 2005: 92 – 96.

[243] Low T, Wyeth G. Obstacle detection using optical flow[C]. Sydney:Proc. Australian Conference on Robotics and Automation,2005.

[244] Cornall T, G. Egan. Optical flow methods applied to unmanned air vehicles[R]. Dept. Elect. And Computer Systems Engineering, Monash University, Australia. Academic Research Forum, 2003.

[245] T. Camus. Calculating Time-to-Contact Using Real-Time Quantized Optical Flow[R]. National Institute of Standards and Technology NISTIR Technical Report No. 14, Max-Planck-Institut fur bionlogischer Kybernetik, Tubingen, Germany, 1995.

[246] 王华,马宝华. 封锁机场武器系统的发展趋势分析[J]. 飞航导弹, 1999.

[247] 郭美芳,范宁军,袁志华. 巡飞弹战场运用策略[J]. 兵工学报. 2006.

[248] Menchain M B. Shape Memory Alloy Induced Wing Warping for a Small Unmanned Aerial Vehicle [D]. Massachusetts Institute of Technology. 2001.

[249] 余熊庆. 多学科优化算法及其在飞机设计中的应用研究[D]. 南京:南京航空航天大学,2000.

[250] 穆雪峰. 多学科设计优化代理模型技术的研究和应用[D]. 南京:南京航空航天大学,2002.

[251] 席滔滔. 微型巡飞器总体关键技术与设计优化研究[D].北京:北京理工大学,2006.

[252] 《飞机设计手册》总编委. 飞机设计手册(第5册)军用飞机的总体设计[M]. 北京:航空工业出版社,1999.

[253] 《飞机设计手册》总编委. 飞机设计手册(第6册)气动设计[M]. 北京:航空工业出版社,1999.

[254] 《飞机设计手册》总编委. 飞机设计手册(第8册)重量平衡与控制[M]. 北京:航空工业出版社,1999.

[255] 高晓光. 航空军用巡飞器导论[M]. 西安:西北工业大学出版社,2004.

[256] 李为吉. 现代飞机总体综合设计[M]. 西安:西北工业大学出版社,2001.

[257] 李大光. 信息化弹药—巡飞弹[J]. 国防技术基础,2009(10):36 – 39.

[258] 马宝华. 马宝华教授学术文集[M]. 北京:国防工业出版社,2013.

[259] 杨晓敏. 新概念信息化弹药的现状与发展[J]. 四川兵工学报. 2008.29(4):69 – 73.

[260] 杨艺. 空中主宰者_国外陆军巡飞弹发展[J]. 现代兵器,2007(8):22 – 24.

[261] 美国防部将开发无人电子战系统[J]. 电子对抗,2001.

[262] 黄长强,翁兴伟,王勇,等. 多无人机协同作战技术[M]. 北京:国防工业出版社,2012.

[263] 王三喜,夏新民,黄伟. 联合作战协同机理研究[J]. 复杂系统与复杂性科学,2011(8),9 – 14.

[264] Shima T. UAV Cooperative Decision and Control-Challenges and Practical Approaches [M]. Society for Industrial and Applied Mathematics,2009.

[265] 王昊宇,徐学强,房玉军. 网络化协同打击弹药技术[J]. 兵工学报,2010(31),136 – 139.

[266] 董炀斌. 多机器人系统的协作研究[D]. 杭州:浙江大学博士学位论文. 2006.

[267] Parker L E. An Architecture for fault-tolerant multi-robot cooperation[J]. IEEE Transaction on Robotics and Automation,1994(14):220 – 240.

[268] Murphy R R, Llselti C L, Tardif R, et al. Emotion-based control of cooperating heterogeneous mobile robots[J]. IEEE Transaction on Robotics and Automation,2002(18),744 – 757.

[269] Coveney P V. Self-Organization and complexity: a new age for theory, computation and experiment [M]. The Royal Society, 2003,361:1057 – 1079.

[270] Scott C, Deneoubourg J-L, Franks N R,et al. Self-Organization in Biological Systems[M]. USA:Princeton University Press, 2003.

[271] 唐朝君. 多智能体系统一致性问题与包含控制问题研究[D]. 成都:电子科技大学,2012.

[272] Vicsek T, Cziro'ok A, Ben-Jacob E, et al. Novel type of phase transition in a system of self-deriven particles[J]. Physical Review Letters, 1995, 75(6): 1226 – 1229.

[273] Ren W, Beard R W. Consensus seeking in multi-agent systems under dynamically changing interaction topologies [J]. IEEE Transactions on Automatic Control, 2005, 50(5): 655 – 661.

[274] Moreau L. Stability of multi-agent systems with time-dependent communication links[J]. IEEE Transactions on Automatic Control,2005, 50(2): 169 – 182.

[275] Fax J A, Murray R M. Information flow and cooperative control of vehicle formations[J]. IEEE Trallsactions Automatic Control, 2004, 49(9): 1465 – 1476.

[276] Olfati-Saber R, Murray R M. Consensus problems in networks of agents with switching topology and time-delays[J]. IEEE Transactions on Automatic Control, 2004, 49: 1520 – 1533.

[277] Ren W, Atkins E. Distributed multi-vehicle coordinated control via local information exchange [J]. International Journal of Robust and Nonlinear Control,2007, 17(11): 1002 – 1033.

[278] Ren W. Consensus strategies for cooperative control of vehicle formations[J]. IET Control Theory & Applications,2007, 1(2): 505 – 512.

[279] Lee D, Spong M W. Stable flocking of multiple inertial agents on balanced graphs[J]. IEEE Transactions on Automatic Control. 2007, 52(8): 1469 – 1475.

[280] Lin P, Jia Y M. Average consensus in networks of multi-agents with both switching topology and coupling time-delay[J]. Physica A, 2008, 387(1): 303 – 313.

[281] Hu J, Hong Y. Leader-following coordination of multi-agent systems with coupling time delays [J]. Physica A, 2007, 374(2): 853 – 863.

[282] Liu C L, Liu F. Consensus of Second-order Multi-agent Systems under Communication Delay [C]. Chinese Control and Decision Conference, 2010,739 – 744.

[283] Tanner H G, Jadbababie A, Pappas G J. Stable flocking of mobile agents, part I: fixed topology[C]. IEEE Conference on Decision and Control, 2003: 2010 – 2015.

[284] Tanner H G, Jadbabaie A, Pappas G J. Stable flocking of mobile agents, part II: dynamic topology[C]. IEEE Conference on Decision and Control, 2003: 2016 – 2021.

[285] Tanner H G, Jadbabaie A, Pappas G J. Flocking in fixed and switching networks[J]. IEEE Transactions on Automatic Control, 2007, 52(5): 863 – 868.

[286] Tanner H G. Flocking with obstacle avoidance in switching networks of interconnected vehicles [C]. IEEE Conference on Robotics and Automation, 2004: 3006 – 3011.

[287] Shi H, Wang L, Chu T. Virtual leader approach to coordinated control of multiple mobile agents with asymmetric interactions[J]. Physica D, 2006, 213: 51 – 65.

[288] Saber R O, Murray R M. Distributed Structural Stabilization and Tracking for Formations of Dynamic Multi-agents [C]. Proceedings of the 41st IEEE Conference on Decision and Control LasVegas, Nevada,USA, 2002: 209 – 215.

[289] Stipanovic D M, Inalhan G, Teo R, Tomlin C J. Decentralized Overlapping Control of a Formation of Unmanned Aerial Vehicles [C]. Proceedings of the 41st IEEE Conference on Decision and Control, 2002: 2829 – 2835.

[290] Saber O R,Murray R M. Graph Rigidity and Distributed Formation Stabilization of Multi-vehicle Systems [C]. Proceeding of the 41st IEEE Conference on Decision and Control, Las Vegas, NV,USA, 2002.

[291] Nettleton E, Ridley M, Sukkarieh S. Implementation of a Decentralized Sensing Network aboard Multiple UAVs[C]. Las Vegas:Proceedings of the 41st IEEE Conference on Decision and Control, 2002.

[292] 茹常剑,魏瑞轩,戴静,等.基于纳什议价的无人机编队自主重构控制方法.[J]自动化学报,2013,(39):1349 – 1359.

[293] 李杰,彭双春,安宏雷,等:基于微分几何与李群的无人机编队会合方法[J].国防科学技

术大学学报, 2013, (35), 157 – 164.

[294] Duan H B, Luo Q N, Ma G J. Hybrid particle swarm optimization and genetic algorithm for multi-UAV formation reconfiguration[J]. IEEE Computational Intelligence Magazine, 2013, 8: 16 – 27.

[295] 张祥银, 段海滨, 余亚翔. 基于微分进化的多 UAV 紧密编队滚动时域控制[J]. 中国科学: 信息科学, 2010, (40): 569 – 582.

[296] Tang Y, Gao H J, Jürgen K, et al. Evolutionary Pinning Control and Its Application in UAV Coordination[J]. IEEE Transactions on Industrial Informatics, 2012: 828 – 838, 8.

[297] Li B. Stochastic processmodel of themulti-UAVs collaborative system based on state transition [C]. in Proceedings of Conference on Modeling, Identification and Control, 2012: 757 – 761.

[298] Ryan J L, Bailey T G, Moore J T, et al. Reactive Tabu Search in Unmanned Aerial Reconnaissance Simulations[C]. Winter Simulation Conference, 1998: 873 – 879.

[299] 柳长安, 王和平, 李为吉. 基于遗传算法的无人机协同侦察航路规划[J]. 飞机设计, 2003, 1(1): 47 – 52.

[300] 左益宏, 柳长安, 罗昌行, 等. 多无人机监控航路规划[J]. 飞行力学, 2004, 22(3): 31 – 34.

[301] Schumacher C, Chandler P R, Rasmussen S R. Task Allocation for Wide Area Search Munitions via Network flow Optimization[C]. AIAA Guidance, Navigation, and Control Conference and Exhibit. Montreal, Canada, 2001.

[302] Edison E, Shima T. Integrated task assignment and path optimization for cooperating uninhabited aerial vehicles using genetic algorithms[J]. Computers & Operations Research, 2011, 38: 340 – 356.

[303] 高晓光, 符小卫, 宋绍梅. 多 UCAV 航迹规划研究[J]. 系统工程理论与实践. 2004, 24 (5): 140 – 143.

[304] 宋绍梅, 张克, 关世义. 基于层次分解策略的无人机多机协同航线规划方法研究[J]. 战术导弹技术. 2004, 1: 44 – 48.

[305] 丁琳, 高晓光, 王健, 等. 针对突发威胁的无人机多机协同路径规划的方法[J]. 火力与指挥控制, 2005, 14(7): 5 – 10.

[306] 郑昌文, 丁明跃, 周成平, 等. 多飞行器协调航迹规划方法[J]. 宇航学报, 2003, 24(2): 115 – 120.

[307] 郑昌文, 李磊, 徐帆江, 等. 基于进化计算的无人飞行器多航迹规划[J]. 宇航学报, 2005, 26(2): 223 – 227.

[308] Nygard K E, Chandler P R, Pachter M. Dynamic Network Flow Optimization Models for Air Vehicle Resource Allocation[C]. Arlington: American Control Conference, 2001: 1853 – 1858.

[309] Schumacher C, Chandler P, Pachter M, et al. UAV Task Assignment with timing constraints [C]. Austin: AIAA Guidance, Navigation, and Control Conference and Exhibit, 2003.

[310] 宋敏,魏瑞轩,冯志明. 基于差分进化算法的异构多无人机任务分配[J]. 系统仿真学报,
2010 (22):1706 – 1710.

[311] 赵敏,姚敏. 无人机群变航迹多任务综合规划方法研究[J]. 电子科技大学学报,2010,39
(4):1 – 6.